二十一世纪前沿科学丛书

未来的地球

WEILAI DE DIQIU

王直华 **主编**

侯作中　吴忠良　王亶文　安镇文 **编著**

广西科学技术出版社

图书在版编目（CIP）数据

未来的地球／王直华主编. —南宁：广西科学技术出版社，2012.8（2020.6重印）

（二十一世纪前沿科学丛书）

ISBN 978-7-80619-521-5

Ⅰ.①未… Ⅱ.①王… Ⅲ.①地球科学—少年读物 Ⅳ.①P-49

中国版本图书馆 CIP 数据核字（2012）第 195341 号

二十一世纪前沿科学丛书
未来的地球
王直华　主编

| 责任编辑 | 何　芯 | 封面设计 | 叁壹明道 |
| 责任校对 | 王　丹 | 责任印制 | 韦文印 |

出 版 人　卢培钊
出版发行　广西科学技术出版社
　　　　　（南宁市东葛路 66 号　邮政编码 530023）
印　　刷　永清县晔盛亚胶印有限公司
　　　　　（永清县工业区大良村西部　邮政编码 065600）
开　　本　700mm×950mm　1/16
印　　张　7.5
字　　数　97 千字
版　　次　2012 年 8 月第 1 版
印　　次　2020 年 6 月第 4 次印刷
书　　号　ISBN 978-7-80619-521-5
定　　价　18.00 元

生机勃勃的地球

——在亚马逊河上空3.58万千米处看的地球

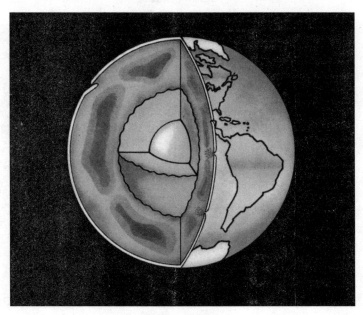

地球内部结构

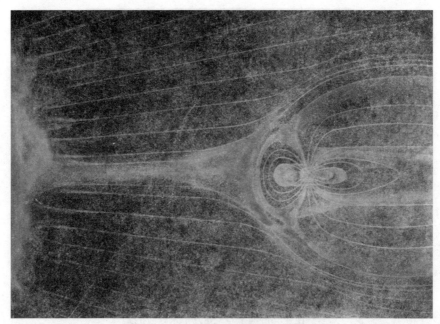

行星际与磁层

火山喷发

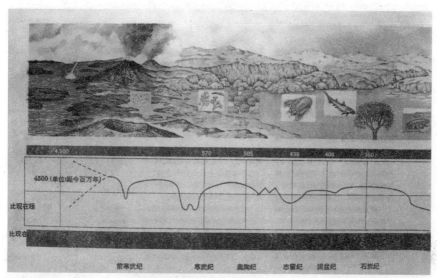

维持生态平衡

南极午夜的太阳

南极帝企鹅

南极鸽

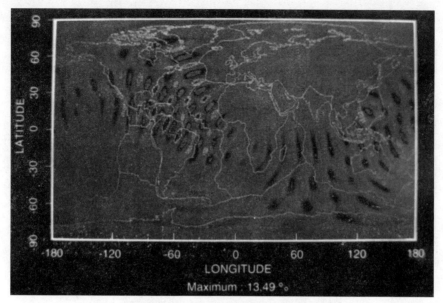

地震引起的5分钟垂直振幅模型

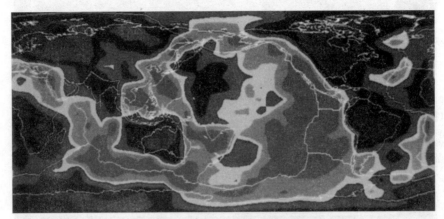

地下100千米处地震波速异常分布

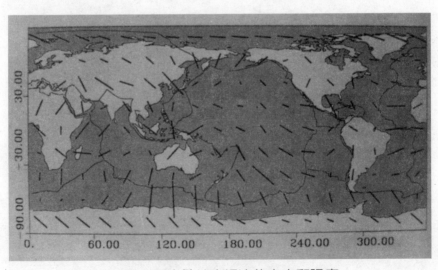

地下200千米处地中幔流的方向和强度

泥石流

滑坡

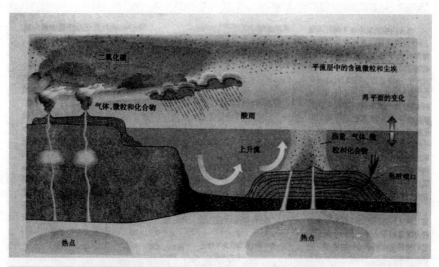

二氧化碳

平流层中的含硫微粒和尘埃

气体、微粒和化合物

酸雨

海平面的变化

上升流

热量、气体、微粒和化合物

热液喷口

热点

热点

地球变暖

P波

波

波的方向

S波

波

震中

内地核

外地核

地幔

D

A

C

B

S波阴影

透视地球内部

致21世纪的主人

时代的航船已进入21世纪，在这时期，对我们中华民族的前途命运来说是个关键的历史时期。现在10岁左右的少年儿童，到那时就是驾驭航船的主人，他们肩负着特殊的历史使命。为此，我们现在的成年人都应多为他们着想，为把他们造就成21世纪的优秀人才多尽一份心，多出一份力。人才成长，除了主观因素外，客观上也需要各种物质的和精神的条件，其中能否源源不断地为他们提供优质图书，对于少年儿童，在某种意义上说，是一个关键性的条件。经验告诉人们，一本好书往往可以造就一个人，而一本坏书则可以毁掉一个人。我几乎天天盼着出版界利用社会主义的出版阵地，为我们21世纪的主人多出好书。广西科学技术出版社在这方面做出了令人欣喜的贡献。他们特邀我国科普创作界的一批著名科普作家，编辑出版了大型系列化自然科学普及读物——《少年科学文库》（以下简称《文库》）。《文库》分"科学知识""科技发展史"和"科学文艺"三大类，约计100种。现在科普读物已有不少，而《文库》这批读物特有魅力，主要表现在观点新、题材新、角度新和手法新，内容丰富、覆盖面广、插图精美、形式活泼、语言流畅、通俗易懂，富于科学性、可读性、趣味性。因此，说《文库》是开启科技知识宝库的钥匙，缔造21世纪人才的摇篮，并不夸张。《文库》将成为中国少年朋友增长知识、发展智慧、促进成才的亲密朋友。

亲爱的少年朋友们，当你们走上工作岗位的时候，呈现在你们面前的将是一个繁花似锦、具有高度文明的时代，也是科学技术高度发达的崭新时代。现代科学技术发展速度之快、规模之大、对人类社会的生产和生活产生影响之深，都是过去无法比拟的。我们的少年朋友，要想胜任驾驭时代的航船，就必须从现在起努力学习科学，增长知识，扩大眼界，认识社会和自然发展的客观规律，为建设有中国特色的社会主义而艰苦奋斗。

　　我真诚地相信，在这方面，《文库》将会为你们提供十分有益的帮助，同时我衷心地希望，你们一定为当好21世纪的主人，知难而进、锲而不舍，从书本、从实践吸取现代科学知识的营养，使自己的视野更开阔、思想更活跃、思路更敏捷、更加聪明能干，将来成长为杰出的人才，为中华民族的科学技术走在世界的前列，为中国迈入世界科技先进强国之林而奋斗。

　　亲爱的少年朋友们，祝愿你们在21世纪的航程充满闪光的成功之标。

钱三强

主编的话

你们是新世纪的少年，是新世纪科学技术的主人。人们羡慕你们，人们祝愿你们，人们寄希望于你们，时代催促你们，祖国期待你们，你们要加快速度成长，你们要加快速度吸取最新的科技知识。

为什么要加快速度？这是因为，你们生活在一个快速发展的时代。回顾历史，你们就会感觉到，科学技术在加快速度向前发展。

轮子，今日人们看来普普通通、简简单单的轮子，从人类诞生到发明出最原始的轮子，经历了几百万年的漫长岁月。

蒸汽机，从开始使用带轮子的车，到发展蒸汽车以驱动轮子转动，这时间间隔就短得多了，大约是 5 000 年。

内燃机是在蒸汽机之后 100 年出现的，今日的赛车，从启动到加速到时速近 300 千米，只消 10 秒钟。

再说计算机。世界上第一台电子计算机是 1945 年制成的，它是个占地 170 平万米的庞然大物。从那时到出现台式计算机，用了 35 年光景，而从台式机到小巧的膝上型计算机仅用了不到 10 年时间。

至于电话，从第一台电话（1876 年）诞生后，100 年时间得到普及，而传真机、语音信箱、电子邮件的推广应用，仅用了 10 年时间。

我们看到，科学技术的发展越来越快，它催促我们要赶上时代的步伐。人们很难完全准确地预料未来 10 年、20 年的科学技术。也许，未来 10 年、20 年将要出现的重要技术，今天只是专家心中的草图，或是学者头脑中的朦胧概念。

然而，你们作为新世纪的一代，必须了解 21 世纪科学技术的发展趋势，从中学到知识、受到鼓舞，下定决心做好准备，为 21 世纪祖国和人类的科技发展贡献才智。

为了帮助少年朋友瞻望令人激动的新世纪，我们组织编写了这套丛书。这套丛书的作者，都是各个科学技术领域有名的科学家和技术专家，他们在百忙之中抽出宝贵时间，为少年儿童写书，你们应该感谢他们的一片深情。

　　科学家们说，现代科学技术的发展日新月异，每天都会出现许多新的东西，他们愿在今后，继续为少年朋友提供新的知识，报告未来将出现的重大的新进展。因此，这套丛书将会不断地补充、扩大，成为带我们奔向未来的科学快车。

　　少年朋友们，你们看了这套丛书之后，有什么感想，有什么要求，有什么意见，可以及时告诉我们。科学家们非常希望听到你们的想法。

　　祝你们成为21世纪的科学家、工程师，成为祖国的有用人才。

王直华

前　言

如今，地球科学的发展突飞猛进。先进的观测技术、实验技术、通讯技术、高速计算机的应用以及新颖的科学构思，构成了绚丽多彩的科学殿堂。

一个对地球乃至宇宙有正确认识并有颇多了解的科学家，同时也一定会是一个善于从附近的河流、山川以及诸多自然现象中发现宇宙万物普遍规律的观察家。

然而，我们知道，一个观察者与体积为10 800亿立方千米的地球相比是渺小的，而一个地球与无限的宇宙相比更是微不足道的。因为观察者的对象太大了，要正确地、全面地认识它是十分困难的。尽管我们已进入了宇航时代，但我们对地球的认识，特别是对宇宙的了解，仍然是非常初步的。地球上特别是宇宙中的许多现象还没有得到正确的答案，而更多的现象至今我们还没有发现。

我们伟大的祖国，像巨人一样屹立在亚洲的东方。近年来，经济蒸蒸日上，突飞猛进，正以崭新的面貌出现在世界上。中华民族已对世界的发展作出过重大贡献，中华民族应对世界的发展作出更大的贡献。担负着这一光荣而艰巨使命的中国人，特别是作为未来栋梁的青少年，对地球科学及21世纪地球科学的发展应当有初步的了解。这本小册子就是为此目的编写的。

本来，受委托完成这个任务的是位梦华教授。他曾到过南极与北极考察，阅历广见识多，并且又写过几本科普书。但是，他现在正忙于北极考察，担任中国北极探险队的总领队，去完成"中国考察队首次进军北极，徒步跋涉，把五星红旗插到北极点上"的任务。因此，他把编写这本21世纪的地球科学的小册子的任务委托给我。我感到责任重大，且日常琐事繁多，于是，又邀请了几个年富力强的科学家，共同来完成这个任务。他们是：博士、研究员王椿镛，博士、副研究员吴忠良，硕士、副研究员王宣文，副研究员安镇文等。全书由笔者统编。

由于时间仓促。作者水平有限，书中不当之处在所难免，切望读者指正。

侯作中

目　录

我们生活的地球从哪里来？

　　地球，人类的摇篮。她是人类的诞生地，又是人类劳动、生息和繁殖的地方。因此我们又亲切地称地球是人类的故乡。

　　那么，地球是从哪里来的呢？

　　距今300万年，爱尔兰一个大主教乌索尔曾宣称：地球是在公元前4004年10月23日上午9时被上帝创造出来的。

　　西欧的"圣经"上说，上帝第一天将光明从黑暗里分出来，第四天创造了太阳和月亮，而后又创造了山水和动植物，总共用了6天，世界就被创造出来了。

　　在我国古代，也有盘古开天地的传说。盘古神斧一挥，天地分开，经历18 000年，大地就生成了。

　　这些说法都是在科学不发达的时期有人编造出来的，是愚弄人们的胡说。

　　地球从哪里来的问题与太阳系的起源密切相关，也就是说，要知道地球从哪里来，需要知道太阳系是从哪里来的。

　　首先我们看看地球在宇宙中处的位置。

　　地球是太阳系中的一个成员。太阳是一颗恒星，她是太阳系的中心天体。太阳系有九大行星，此外还有小行星、卫星和慧星等，它们都按一定的轨道绕太阳运转。九大行星中，水星距太阳最近。我们的地球排在水星、金星之外，居第三位。地球再往外依次是火星、木星、土星、天王星、海王星和冥王星。

　　太阳的直径约为140万千米，体积比地球大130万倍。太阳共有物质2×10^{12}克，比地球重33万倍。太阳表面温度约为6 000℃，中心温度可达1 500万℃。然而，太阳的大小、质量、温度与其他恒星相比，仅处于中等

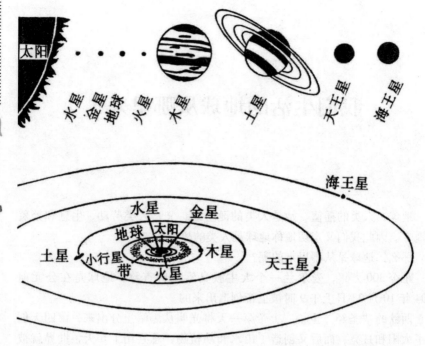

太阳系及其行星的图示

位置。比如，恒星柱一的体积比太阳大 90 万亿倍，而白矮星的直径仅为太阳的五十分之一。

在夏夜的星空，我们常看到自北而南的一条银白色的光带，实际上是由无数恒星密集起来的。天文学家告诉我们，这条银白色光带里，大约有 2 500 亿颗恒星。它们和许许多多星云、也包括我们的太阳系，组成了一个庞大的系统，叫做银河系。

银河系有多大？这里，需要介绍一个新的长度单位：光年。

我们知道，光的传播速度为每秒 299 776 千米。光一年时间所走的距离叫"一光年"。一光年等于 94 600 亿千米。

银河系总的形状，像一个中间厚边缘薄的旋涡状的"盘子"。这个盘子的直径有 10 万光年，中心厚度约 2 万光年，边缘厚度有 100 光年。我们的太阳系位于银河系中心 32 000 光年的地方。

在银河系之外，还有千千万万个和银河系相类似的恒星系统，我们称

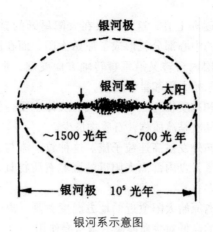

银河系示意图

它们为"河外星系"。比如，离银河系最近的两个河外星系，称大小麦哲伦星云，在我国的南沙群岛即可看到。

据1995年4月美国天文学家英庇报告，全世界一些天文台最新的观测表明，宇宙内星系总数至少为2 000亿个。如果按每个星系包括1 000亿颗恒星计算，那么宇宙中共有恒星200万亿亿个。

现在，我们回过头来想想，我们的地球在宇宙中占着多么微小的位置啊！用"沧海一粟"来形容是恰当的。

小朋友们可能急着要问：地球到底是从哪里来的呢？

科学的学说认为：地球与太阳系的其他成员一起是由同一星云演化而来的。

前面已说过，银河系中有许多恒星和弥漫星云。弥漫星云在运动中形成大小不等的星云块，质量足够大的星云块由于引力而形成气体尘埃球。太阳系最早就是个气体尘埃球。它由气体和微尘组成，其化学成分以氢元素为主。这个气体尘埃球，我们称它为太阳星云。

太阳星云在不停地运动着。星云里的每一个物质分子都受到整个太阳星云对它的吸引力，即万有引力，同时，因物质分子做旋转运动而受到惯性离心力。这两种力作用的结果，由于引力比离心力大。整个太阳星云逐渐收缩，体积不断变小。大家知道，物体转动时，它的质量、速度和轨道半径的乘积称动量矩，也称角动量。它是物体转动的一种量度。由于整体太阳星云的角动量是守恒的，因此，星云体积的缩小意味着星云旋转的加速，结果星云由球形变成扁球形，中央密度高于外部；同时，星云里的物质分子惯性离心力逐渐加大。太阳星云在边转动边收缩的过程中，自身密

度逐渐增加，温度逐渐上升，这种现象在太阳星云的自转轴附近最明显。结果，在太阳星云的中心部分就形成了原始太阳，而在原始太阳周围残留一个包层。这个包层因自转又沿垂直转轴方向变扁，形成星云盘。这样，太阳星云就分化为原始太阳和星云盘了。

星云盘由气体和冰质物与石质物组成。气体主要由氢和氦组成，是星云盘的主要成分。其次是冰质物，石质物最少。

原始太阳不断向外发射高速粒子流。这种粒子流与太阳周围的物质会发生相互作用，使星云盘内部离太阳近的区域石质物具多，离太阳远的区域气体和冰质物具多。

星云盘内部，离原始太阳愈近的地方温度愈高，离原始太阳愈远的地方温度愈低。温度的高低对物质凝聚有着重要作用。

在星云盘内，开始时固体颗粒很小很小。这些尘粒在运动中互相碰撞，从而结合成较大的颗粒。这些大大小小的尘粒绕原始太阳转动，同时它们受到太阳的引力、惯性离心力、气体的压力、气体的阻力等，所有这些力可分解为与赤道平面平行的径向力和与赤道平面垂直的法向力。法向力的作用使大小尘粒向赤道沉降，于是，星云盘内很薄的"尘层"便形成了。当尘层物质密度足够大的时候。引力就不稳定了，尘层从而分裂成许多粒子团。当粒子团内部粒子间的引力超过太阳对粒子团内各粒子的引力时，粒子团就自吸引而收缩，迅速形成更大的尘粒，当这样的尘粒的半径为几百千米时，它们引力扰动即可改变附近尘粒的运行轨道。由于大小尘粒运行轨道的多样性，它们在轴道交叉处就会碰撞，结果，相对速度低的尘粒碰撞后变大了，相对速度足够高的尘粒就会被碰碎。尘粒愈大，引力愈大，所以最大的尘粒通过聚积壮大而成为星胚，星胚进一步吸收一定区域的大小尘粒而成为行星。

行星组成了行星系，我们的地球就是其中的一员。

原始太阳在转动中不断收缩，密度和温度继续升高，当内部温度达到700万℃时，就有氢转变为氦的热核反应。原始太阳形成太阳。

太阳系家族中，水星、金星、地球、火星距太阳近，称内行星。它们的体积、质量都较小，主要组成成分为石质物。离太阳较远的木星、土星、天王星、海王星称外行星，主要组成成分为气体与冰质物。这些行星都近似在一个平面内绕太阳旋转，运行轨道都是偏心率不大的椭圆，几乎所有的行星都绕太阳逆时针旋转。在绕太阳公转的同时，绝大多数行星绕自己的转动轴逆时针自转。

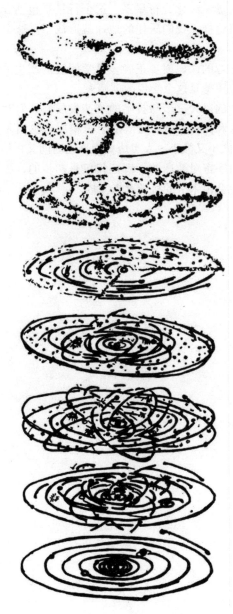

从太阳星云到行星系

由茫茫宇宙中的弥漫星云形成太阳星云，再由太阳星云分化为原始太阳和星云盘，星云盘又演化为行星系。这个行星系包括九大行星，地球就是其中的一颗。就这样，我们居住的地球就形成了。这个过程大约持续了近 50 亿年的时间。

人类对地球起源的认识逐步正确。科学假说的产生才仅仅 200 余年的时间，德国科学家康德是这个学说的创始人。

随着现代科学的巨大进步与技术的飞速发展，人们对太阳系演化过程的认识也逐渐深入和完善。然而与茫茫宇宙相比，我们人类（现今世界约为 56 亿人）显得微小又微小，人类历史发展的时间又极短极短。至今，我们能够说，人类对宇宙对地球的了解还仅仅是初步的，更科学更完整的地球起源学说将一定会由未来的科学家去完成。

地球板块将继续漂移吗？

大家也许都见过在北国的初春时节。大地刚刚复苏，河流刚刚解冻，河面上大块大块的冰块互相碰撞着，移动着。它们运动的动力来自河水在它们下面的流动。大家能否想象到，我们所居住的地球表面也类似这种情景。一望无际的大地并不是铁板一块的，也是由许多小块拼凑而成的。和河流上的大冰块一样，它们也在不断地移动着，也在不停地撞击着，只不过这种运动是缓慢的，人的肉眼是看不出来的。比如海平面每年上升 1 厘米，不用测量仪器是观测不到的。如果过 100 年，那就是上升 1 米！一些沿海的大城市也许就要被淹没。

大陆漂移学说的奠基人是魏格纳。魏格纳是个德国人，1880 年出生于

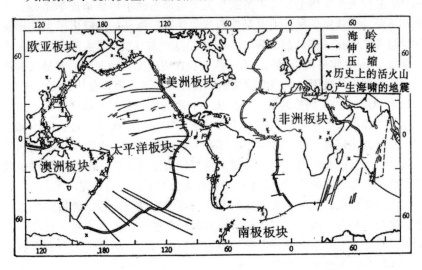

六大板块的划分

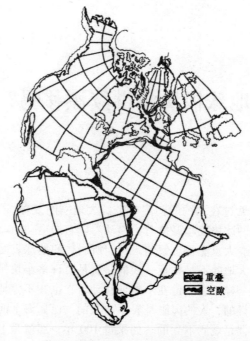

重叠
空隙

美洲、欧洲、非洲、格陵兰的拼合

柏林,是位天文学博士。可正是这个人有力地撼动了传统地质学基础,而他却不是一个地质学家。主要是作为气象学家的他是如何提出了大陆漂移的设想呢?他在《海陆的起源》一书中是这样叙述的:"大陆漂移的想法是著者于1910年最初得到的。有一次,我在阅读世界地图时,曾被大西洋两岸的相似性所吸引,但当时我也随即丢开,并不认为具有什么重大意义。1911年秋,在一个偶然的机会里我从一个论文集中看到了这样的话:根据古生物的证据,巴西与非洲间曾经有过陆地相连结。这是我过去所不知道的,这段文字记载促使我对这个问题在大地测量学与古生物学的范围内为着这个目标从事仓促的研究,并得出重要的肯定的论证,由此我就深信我的想法是基本正确的。"1912年魏格纳首次公布了自己的研究成果。

大陆漂移假说发端于大陆几何形状的可匹配性。而后,魏格纳从地质学、生物学和古生物学、古气候学等方面对它进行了大量卓越的论证,从而使其确定为地质学中的一个科学假说。但在当时,却遭到大多数学者的非难和反对,渐渐地被遗忘了。

20世纪60年代,古地磁的研究成果唤醒了人们对大陆漂移假说的记

二世纪～距今2.25亿年

三世纪～距今2亿年

侏罗纪～距今1.35亿年

白垩纪～距今6500万年

新生代～现在

盘古大陆的演变

忆，强有力地支持了漂移假说，使全世界的大部分地质学者都承认这一学说，并投入轰轰烈烈的研究之中。

先谈谈什么是古地磁。地球磁场存在很长的时期了，在很古很古的年代，地磁场会把岩石中的铁磁性物质磁化。例如，火成岩即火山喷发时喷出的岩浆冷却过程中就会被当时的地磁场所磁化。这一部分剩余磁场保留到现在，就称做天然剩磁。这里举的例子就是天然剩磁中的一种：热剩磁。采集合适的岩石标本，用放射性方法测出其地质年龄，再用微磁力仪测出剩磁的大小、方向，我们就可知当时的地磁场。用这种方法研究地磁场的科学就是古地磁学。

1954年，英国的地球物理学家，诺贝尔奖金获得者——布莱克特及其

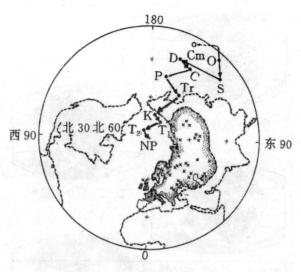

古地磁极的迁移轨迹

小组研究了英格兰地区的三叠纪（距今约 2 亿多年）红色砂岩的化石磁性后，发现了令人惊喜的结果。他们计算出当时地磁极的位置竟然会偏离地球的地理极达 30° 之多；同时还测出了三叠纪英格兰地区的磁倾角约为34°，这与目前该地区的 65° 倾角相比，小了 30° 多。该地区当前与三叠纪的相对位置的巨大差异，只能用英格兰本身的移动来解释。这种解释与魏格纳当年提出的大陆漂移假说是那样地接近，这鼓舞着布莱克特继续深入探索大陆漂移之谜。

布莱克特等对古地磁研究成果的解释是基于轴向偶极子的假定的，并以古磁极的平均位置作为研究大陆运动的参照物。而以郎克恩为代表的另一批古地磁学家与其相反，他们把每一块大陆作为固定的参照物，用古地磁的研究方法去探索古地磁极移的情况。但是无情的事实迫使他们不得不放弃其最初的假定：大陆位置不变。经过多方探求，他们最后正式承认，只有魏格纳的大陆漂移学说能较为圆满地解释他们的成果。布莱克特与郎克恩两个古地磁研究小组从完全不同的出发点进行的研究，殊途同归，得到了几乎完全一致的结论：大陆发生过漂移。

现在举一个有趣的例子。在太平洋上存在一串火山岛，它们的火山喷射时间有着很好的先后次序。这可以用大陆漂移来解释：上面的大陆板块漂移着，板块下面有一个定点，下面的火山熔岩定时喷出。就像是有一杆枪固定在一张纸下面，每隔一段时间开一枪，把纸打个洞，而纸却在不停地水平移动，结果就在纸上打出间断的一串洞来。

　　全球的大部分地震震中都分布在一些狭长的条带上，这些条带实际上勾画出了板块的轮廓。例如太平洋板块与相邻板块互相挤压，发生地震，所以环太平洋有一条地震带。

　　板块运动的动力从何处而来呢？这得往地壳下面看看了。相对于刚性地壳，地幔的上部存在一"软流层"。在海洋下面，这层"软流层"是从大约60千米的深度开始的，而在大陆下面，则是从120千米的深处开始的，并一直到200~250千米的深处。在"软流层"中，下面的热物质从下向上升，然后扩散并冷却，最后成为比较致密的物质下沉。这样的环流将把地幔上部的刚性表皮及地壳从热的上升区带到较冷的下沉区，从而形成一个对流体系。正是这种对流，成为板块运动的动力。

　　板块学说的出现，无疑是近代地球科学的杰出成就和巨大进步，是地质科学的当之无愧的第二次革命。地质科学的第一次革命是槽台学说的提出。可以这样认为：我们正处在一个知识爆炸的时代，近二十多年来地质科学所积累的资料和取得的进展，超过了以往的任何一个200年。一系列新思想新概念正在突破板块构造的模式并在解释板块学说无法说明的构造现象中获得了巨大的进展。这些新思想新概念汇成了一股巨大的潮流，正汹涌澎湃于全世界，揭开了地质科学第三次革命的序幕。

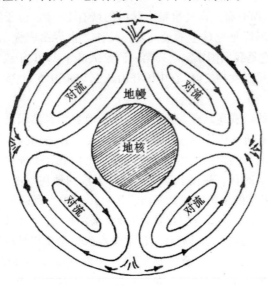

地幔对流

喜马拉雅山还会再升高吗？

  青藏高原位于我国西部，北起昆仑山，南至喜马拉雅山，西迤喀喇昆仑山，东抵横断山，面积达 250 万平方千米，约占我国陆地面积的四分之一，平均海拔 4 500 米，是地球上最高和最大的高原，素有"世界屋脊"之称。喜马拉雅山是我国西藏自治区与印度、尼泊尔、锡金、不丹等国的边界山脉，也是构成青藏高原骨架的主要山脉之一。它从西端的南迦帕尔巴特峰一直延续到东端的南迦巴瓦峰，东西走向长达 2 450 千米。它由许多条平行的山脉组成，从而构成南北向宽达 200～350 千米的条带，平均海拔 6 000 米。"喜马拉雅"原意为"雪的家乡"。全世界高于 8 000 米的山峰仅有 14 座，而分布在喜马拉雅山脉内的就有 10 座。位于我国与尼泊尔边界的珠穆朗玛峰是地球上的最高峰，又称"世界第三极"，海拔高度为 8 848.13 米，它是我国国家测绘局第一测绘大队于 1991 年测定的。珠穆朗玛峰又称为"第三女神之峰"，中国登山队于 1960 年 5 月 25 日首次登上了珠穆朗玛峰。

  雄伟壮丽的青藏高原有着独特的地质、地貌和自然景观，长期以来为中外地球科学家所密切注视。西藏长期以来是世界高山探险活动最理想的地方。要回答"喜马拉雅山还会再升高吗"的问题，首先得了解喜马拉雅山升高的原因、时代、幅度和形式问题。大量的地质、古生物资料证实，在距今 4 000 万年的早第三纪，藏南还是一片汪洋大海；距今约 200～300 万年的上新世末期，高原还仅仅具有 1 000 米左右的自然景观。

  1964 年，我国希夏邦马峰登山科学考察队在希夏邦马峰北坡的定日县苏热山和聂拉木县土隆三叠纪地层中分别发现了世界上最大的鱼龙化石——喜马拉雅鱼龙，也称定日龙。它长 10 米，高达 2 米，生活在海洋环境中。另外，在希夏邦马峰海拔 5 700～5 900 米的上新世浅灰色沙岩中发

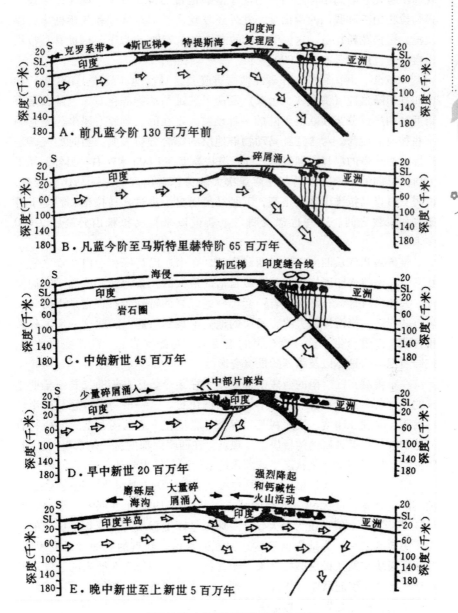

喜马拉雅山发展过程的地质动画图

现高山栎化石。高山栎是一种适应于湿润地带的常绿乔木，现在还生长在喜马拉雅山南和我国西南山地。此外还发现有类似黄背栎和灰背栎化石以及栎、雪松花粉化石。这说明当时的海拔仅在 2700 米以下。因此喜马拉雅山自上新世以来升高了 3 000 多米。

1975 年，我国科学工作者在西藏吉隆县沃马盆地（海拔 4 100 米）和比如县布隆盆地（海拔 4 560 米）发现了三趾马动物群化石。三趾马是上新世时期广泛分布在欧亚大陆的一种动物，现在的长颈鹿、犀牛等是它的某些种属的后裔。对含三趾马动物群地层的综合分析表明，当时的气候是热带、亚热带的温暖、潮湿的气候，海拔高度在 1 000 米左右。另外，属于上新世早期的布隆三趾马与在南亚次大陆旁遮普出现的三趾马比较接近，说明当时喜马拉雅山并不很高，三趾马可以自由越过喜马拉雅山游荡于旁遮普和西藏之间。这些也都说明自上新世以来喜马拉雅山升高了 3 000多米。

雅鲁藏布江从西向东横贯西藏南部，在南迦巴瓦峰和加白垒峰之间大拐弯，向南流入印度境内，是西藏自治区最大的一条河流。地质学家们发现，大体沿雅鲁藏布江分布着一套称做蛇绿岩的特殊岩石，它是当初洋底岩石的遗迹。当海洋消失时，两岸的地壳汇聚到一起，因此这一地区称做雅鲁藏布江缝合带。这一缝合带的主要标志是蛇绿岩套、高压变质地体、蛇绿质混杂岩地体以及强烈的推覆变形。

在雅鲁藏布江以南的西藏南部发现了在距今 2 亿多年的二叠纪早期生长的一种著名的植物群——舌羊齿植物群化石。这一植物群曾经是南半球的南美、非洲、印度、澳大利亚和南极等联接在一起的冈瓦纳大陆所特有的植物群。根据魏格纳的板块学说观点，在西藏南部的这一发现可以证明，雅鲁藏布江以南地区是从南半球漂移过来的冈瓦纳大陆的一部分。

西藏地区位于阿尔卑斯—喜马拉雅地震带中段，是世界强地震区之一。地震活动具有强度大和频度高的特点，其中以 1950 年察隅 8.5 级地震和1951 年当雄 8.0 级地震为最大。这一地区是印度板块与欧亚板块碰撞的应力集中地区之一，为地震活动构造强烈的地区。新近的观测和研究表明，自印度板块与欧亚板块碰撞以来，印度板块以平均每年 5 厘米的速度向欧亚板块推进，引起欧亚板块强烈变形，岩层受到挤压、伸展并顺着大断裂发生滑动，因此常发生强烈地震。

根据多方面的证据，地质学家们推断，印度板块与欧亚板块发生碰撞之前，两者之间被特提斯海（又称古地中海）隔开。现今的青藏高原南部

大约距今 4 000 ~ 5 000 万年才脱离古地中海而开始形成，大幅度上升为平均海拔 4 500 米的大高原则是上新世以来（距今约 200 ~ 300 万年）的事。因此，青藏高原是地球上形成时代最年轻的高原，而且至今仍然是全球大陆范围内构造活动最活跃的地区。

青藏高原就其高度和规模来说都是地球上最宏伟的构造。印度大陆与欧亚大陆碰撞过程中，如何产生这样大规模的隆起，这是全世界地球科学家所共同关心的问题。多年来，人们对青藏高原隆升的问题进行了大量的研究。然而，高原隆起机制的问题还未真正得到解决，还需要继续做深入的研究。至今，科学家们对青藏高原隆升提出了三种不同的假说：①印度板块插入青藏高原地壳底部使之上升；②印度板块与欧亚板块碰撞使得青藏高原褶皱隆起、断裂；③西藏下面的软流圈物质上涌。然而，无论哪种假说都把青藏高原隆升与印度板块和欧亚板块的碰撞相联系。当板块碰撞，特别是两个大陆相接触时，会发生剧烈的造山作用。根据实际观测资料，喜马拉雅山每年平均升高大约 5 毫米。科学家们一般都认为，由于印度板块目前仍在不断向北推挤，喜马拉雅山还会继续升高。

南极洲北冰洋对称凹凸及其他

　　每当我们看动物世界或其他有关电视节目时，总能看到一群群天真活泼的企鹅，摇摇摆摆地，迈着八字步向着我们走来。它们一个个就像是穿着燕尾服的绅士，而那露出的白白的肚皮也恰似里面穿着白衬衫。它们歇息、玩耍在那一望无际的银色世界里。我们知道那是南极洲。

　　在地球的另一端是北冰洋，洋上覆盖着终年不化的大冰块。记得还是在20世纪60年代，流传着"列宁号"原子能破冰船在那里为其他船只破冰开道的消息。南极和北极，初看起来没多大关系。可是一些有心的地学科学家，把两处的地理条件相比较，他们惊喜地发现：地球的两极，一凹（北冰洋）一凸（南极洲），不仅面积相近，大约都在1 400万平方千米，而且高低起伏对应明显。如果我们把南极大陆沿海平面切割下来，再把它翻转过来扣到北冰洋上去，则地球的南北两极地区都将变成接近海平面的平地。

　　例如北冰洋的平均深度1 280米，而南极大陆平均高度1 830米。北冰洋最深处为5 330米，南极大陆最高峰为5 139米，即埃尔斯沃思山脉的文森峰。更令我们惊奇的是，这两地区在形状上也有许多明显相似之处。例如北冰洋处有唯一的出口与外界相连，那就是沿格陵兰东海岸通往大西洋的海渊出口；而在南极与其相对应的是，南极大陆也有一个唯一向外突出的半岛，这就是与南美洲大陆遥遥相对的南极半岛。

　　也许我们可以想象，在宇宙中存在某种超然力量，这种无形的力量把地球的一端挤压成一个巨大的凹坑，这就是北冰洋；而在地球的另一端，由此而产生一个巨大的隆起体，这就是南极洲。这是一种大胆的假说，听起来简直有点离奇，成立与否还有待多方面的有力论证。

　　在此，不由得想起有关太平洋成因的假说来。与大西洋相比，太平洋在地质构造方面有许多的不同之处。例如，在太平洋地区，海脊位于其四周，

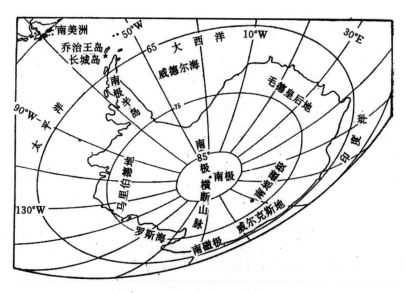

南极洲位置图

海脊以内为白垩纪，距今约1.35亿年，之外是较年轻的第三纪，距今为0.65亿年。而大西洋的海脊位于中央，在海脊附近是较年轻的第三纪，以远才是白垩纪。沿太平洋是大地震带和火山带，而在大西洋，只是沿中央的海脊才有些地震，这是二者在地震活动性方面的差异。另外，二者的形态也明显不同，大西洋像是由于大陆块分裂而形成，呈狭长形；太平洋却呈圆形。

不少地质学家怀疑起二者起源的相同性来，有人提出了太平洋天体撞击成因的假说。该假说认为陨星在太平洋地区撞进地幔，从洋底分布的玄武岩年龄上限和滨太平洋地区的构造历史说明这一灾难性事件发生在二叠纪与三叠纪，即距今2.80亿年到2.25亿年之间，在时间上与地史上最大的一次生物灭绝（约95%以上的生物种灭亡）、地磁场倒转、古气温和大气成分的突然变化、地球自转速度加快等一系列突发性事件相吻合。

该假说似乎可以用来解释板块运动的某些现象。例如，不少地质学家注意到，太平洋四周的大陆板块都是朝着它在漂移。根据撞击成因一说，天体钳进地幔，以致形成物质幔下的流动，在其四周自然得向上流动，而在四周板块的下部，流动正好是水平地朝着太平洋。这也许正是板块向着太平洋方向漂移的动力。

少年朋友们努力学习吧！不久的将来，许多与我们人类息息相关的地学之谜将被你们所揭开。

定量地质学

不是所有的东西都可以叫科学的。即使这东西是国粹也不成，报纸杂志做过报道也不成，你手里有几千万资本也不成，经过某个名人肯定过、有名人的亲笔题字也不成。科学就是这么不近人情。

我们这里关心的只是那些具体的科学，因此从某种意义上说我们可以摆脱关于抽象的科学的定义问题的困扰。在科学家看来，一门学问，至少要具备一些特征，才能称为现代意义上的科学，这些特征中最重要的一条就是，由这门学问所得出的结论，必须是不能"打马虎眼"的。所以一些国粹虽然很宝贵，但那只是学问，而不是科学。

不能"打马虎眼"的一个指标就是定量化。警察问目击者罪犯有多高的时候，他决不希望得到一个"……也就是……一人来高"的回答。科学更是如此。因此，如果你宣称用气功可以预报地震的话，科学家就会很认真地把你的预报和实际情况比较一下，如果他发现在 100 次地震中你只报对了 2 次，或者你只讲，某月某日将在某个方向上发生地震，却不点明它到底是仪器才能记到的小地震还是能使几万人丧生的大地震，他就会很礼貌地对你说声谢谢。但是你想要让他承认你是地震专家却是做不到的，哪怕你上法庭去告他侵犯你的什么权。

一门科学的定量化，是一个历史的过程。定量化的程度取决于所研究的自然现象的复杂程度及人类对这些自然现象的观测和研究的程度。在自然科学中比较早地成为一门定量科学的是物理学和天文学。20 世纪以来，特别是第二次世界大战以来，化学、生物学走向定量化成为一个引人注目的发展趋势。在这方面走得比较慢的是地质学，因此在地球科学里的"猫腻"也比其他科学来得多。

科学上的定量化与大家所理解的定量化还是有区别的，并不是说给出一堆数字就算是定量化了。这里的所谓定量化有几个必不可少的条件：第一个条件是对自然现象的观测应达到一定的水平。这种水平是靠三个指标来表示的：第一个指标是可靠性，第二个指标是精度，第三个指标是信息量。但是仅仅有这三条还是不够的，更重要的一点是，由这种观测得到的事实，必须足以反映所研究的现象的本质特征，换句话说，这种定量化的大方向必须是正确的。第二个条件是，必须有一套相应的用来解释这些观测结果的定量化的理论。第三个条件，也是最重要的条件，是在这个领域工作的科学家，把定量化作为自己工作的一个基本内容，或者说，定量化的研究在这门科学的研究中居主导地位。

地质学在定量化的道路上走得比较慢，主要原因是观测手段上的限制。迄今为止，"入地"仍比"上天"困难得多。地球科学家用来进行研究的主要资料，仍旧是在地球表面收集到的标本，对于地球深部的地球物理观测，还达不到地质学家所要求的分辨本领。正是由于这个原因，地质学家在进行推理的时候，就没有足够的资料可供参考。这就好比一个侦探在破案的时候没有足够的线索，法庭在定罪的时候没有足够多的证据一样。在这种情况下，借助于不完整的资料和地质学家非凡的想像力，也提出了一些具有定量化的形式的理论。但是由于没有可以与之相比较的观测资料，这样的定量化多少有些类似于"超前消费"，它们最多可以称为"似定量化"或者"准定量化"。20 世纪 70 年代以来，数字技术开始广泛地应用于对地球深部的物理观测，人们对于地球深部的物质组成和物理性质的研究，开始具有越来越高的分辨率。这种情况极大地促进了地质科学走向定量化的步伐。而从 20 世纪地质科学发展的经验，特别是 60 年代以来板块构造学说建立和发展的经验来看，21 世纪地质科学的另一次大的突破，只能在地球物理观测的分辨本领得到显著提高以后才能出现。

耗资很大的高温高压下岩石性质的研究，在 21 世纪也许会得到进一步的发展。如同每一次大规模的天文观测都会给天文学带来很大的进展一样，高温高压岩石实验的每一代新的结果都将给地质学带来新的认识。

数字计算在地质科学中的广泛应用也在相当程度上为地质学走向定量化创造了条件。与物理学的情况不同，由于地质现象高度的复杂性，要像在物理学中那样首先建立一个基本方程，再来严格地求它的解，这样做几乎是不可想象的。也正因为如此，用数值计算的方法来进行定量化的或半定量化的研究，成为地质科学的一个基本的研究风格。

一个很大的问题是计算量；计算量的增加往往会导致一些全新的认识。

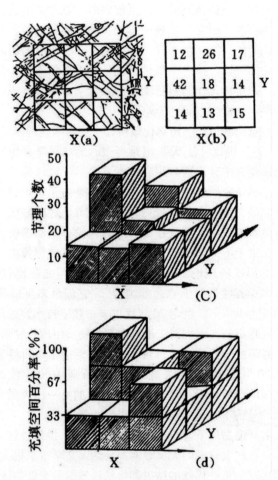

(a) 测网　　(b) 网格　　(c) 网格内的节理数　　(d) 充填块体

地质学的定量化研究

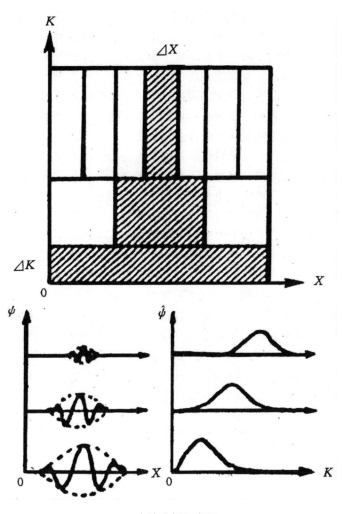

小波分析示意图

对地质学家来说，他需要考虑的问题实在是太多太多了。比如在解释为什么会发生唐山大地震的时候，地质学家通常需要考虑唐山地区周围的地质构造，他需要考虑作用在唐山地区的应力场；他需要考虑在这种应力场的作用下地下的深部构造是如何变化的；他需要考虑终于在什么条件下，在哪里出现了地震发生的条件；他需要考虑最后触发地震的又是哪些因素；他需要考虑地震之后出现了哪些变化，由理论预测的这些变化是不是和观测相符，如果不相符，那一定是在哪个步骤上出了问题，他必须找到这个问题，然后从头开始。如果他在这个问题上取得了令人满意的结果，他就可以考虑别的地震是否有共同的规律，他就可以在观测资料足够的情况下考虑是否可以用计算的方法对一些地震危险区进行尝试性的预测。从这个意义上说，没有定量化就谈不上真正的预测。

从某种程度上说，定量地质学是整个社会的经济和技术发展的直接结果，当新的世纪为地质学家提供了更快、更强的计算机的时候，当新的世纪为地质学家提供了更多、更好的观测系统的时候，在计算机上用若干小时的时间重现过去几百万年时间内的沧海桑田，把观测系统和计算机联结起来预测某地是否有可能发生地震，都将不再是科幻电影中的梦想。

就地质科学来说，它的一个难点在于必须同时处理大量的不同类型的资料。如何体现地质科学的综合性，这是定量地质学的难点之一，也是地质科学区别于其他学科的一个显著的特点。为此，定量地质学除了需要数学物理武库中的常规武器外，也许还需要某种特殊的武器。现在还说不好这种特殊的武器是什么，但是有一点是重要的，那就是，即使是所谓纯粹数学也不是少数天才闭门思考的产物。被称为智力体操的几何学最初是为丈量土地而出现的。由于地质科学所面临的特有的活生生的自然现象，由于它所要考虑的特殊的问题，地质科学也完全有条件反过来对数学和物理学作出贡献，20世纪应用数学中的一个很重要的分支"小波分析"，最初就是为了适应地震勘探的需要而发展起来的。

人眼可看到地下多深？

　　人们用眼睛可以容易看到地面和高空中的物体和许多自然现象，但要看地下就不那么容易了。虽然人的肉眼看不了地下多深，但可以借助科学方法观测地下深处。这里所说的"地下"，一般理解为地球的内部。长期以来，认识地球内部主要是用间接探测方法，即由地表观测和实验室模拟推断地下情况，而直接了解则是通过钻井来实现。在石油工业中，钻井是一种最常采用的勘探方法。然而，即使采用钻井，能够直接观测到地下的深度也很有限，世界上最深的油井不过9千米左右。

　　近半个世纪以来，面对危及人类生存和发展的资源匮乏、环境恶化、自然灾害频繁肆虐等一系列紧迫问题，科学家们花费大量的精力研究赖以生存的地球。据有关专家预测，本世纪后半叶，全球矿物资源的消耗量呈持续增长的趋势。然而，出露地表或埋藏很浅的矿床却越来越少，因此寻找埋藏较深的大型隐伏矿床便日益变得重要。还有，人类至今还无法抗拒强烈地震的巨大破坏力，地震预测是一个尚未解决的科学难题。由于我们无法直接地观测发生地震的地壳深处，因而对那个地方的物质组成和状态的认识是不充分的。这些问题的最终解决在一定程度上依靠先进的探测手段，使我们能对地下进行直接探测和采样。

　　德国地球物理学家K.富克斯在援引B.布莱希特著的《伽里略传》中的一句话"天文学几千年来都没有发展，那是因为人们没有望远镜"时指出，地球科学也有一架望远镜，那就是深部钻探和地球物理探测。深部钻探是验证根据地球物理探测建立起来的地球内部地质—地球物理模型的唯一直接方法。

　　按照通常的划分，深度5 000米以内的钻探为普通钻探，5 000～10 000米为深钻，10 000米以上为超深钻。深钻和超深钻的科学地位是无法用普通钻探所取代的。科学钻井必须有充分的理论、技术和装备的准备，因为这是一项耗资巨大、技术复杂而艰巨的系统工程。深钻和超深钻是在高温、高压和高腐蚀的地层中施钻的，因此必须解决一系列深钻技术和设备上的问题。例如，高温能引起普通钻头的急剧破坏和普通钻液的严重报废；地下流体将造成钻井和测井设备的变形和腐蚀。施工一口深度 10 000～15 000米的超深井，其难度并不低于发射一颗人造地球卫星。至目前为止，世界上钻进达到 9 000 米以上深度的国家只有原苏联、美国和德国。1974 年 4月美国罗杰斯 1 号井的井深为 9 583 米，是当时钻井最深的世界记录。

科学钻探为人类认识地球内部打开了一个窗户。通过科学钻探，人们能够"看到"地球内部的一些什么呢？在钻探过程中，必须连续取芯，并对岩芯、岩硝、岩粉和液体、气体的分析和测定以及各种量（温度、压力等）的井中测量，为认识地球内部提供宝贵的资料。自 60 年代以来，前苏联、美国、德国、瑞典、法国等国家通过本国科学钻探计划的实施。在钻井、取样和井下测量方面取得了大量科学成果。在我国，国家科委于 1977年制定的"科学技术发展规划纲要"中已把超深井钻探工作列入学科发展计划。

世界第一口最深的超深井位于科拉半岛波罗的地盾。原苏联科拉半岛超深钻施工始于 1970 年，在 1983 年 12 月达到 12 066 米深度后因有意见分岐而停钻。一种意见认为，继续钻进在技术上并没有十分的把握，万一失败则钻井报废，前功尽弃，因此不如到此终孔。另一种意见主张继续施工，达到预定深度，存在技术问题可以解决。结果后一种意见占了上风。在经过 6 年准备之后，于 1990 年 1 月 5 日恢复钻进，并计划到当年年底达到13 000 米。可是，在往后的一年半时间里钻进却不到 600 米，至 1991 年 8月才达到 12 661 米。此后再未见到关于科拉半岛继续钻进的报道。

美国在 1963 年曾提出一项莫霍面钻探计划，其目标是钻穿洋壳（厚度5～6 千米），并达到莫霍界面。由于这一计划的理论准备不足，加之经费预算一增再增，结果计划中途夭折。不过，美国在海洋科学钻探方面仍居世界领先地位。位于加利福尼亚洲南端的索尔顿湖科学钻井是美国大陆科学钻探计划的第一口井，目的是研究岩浆加热的高温活动地热系统中物理和化学作用过程。井位选在索尔顿湖坳陷的科罗拉多河三角洲最北面的地热田中。计划井深 3 000 米，估计温度 365℃。1985 年 10 月开钻，次年 3月终孔，井深为 3 220 米，实际温度 353℃。资料分析结果表明：热液对流系统至少延伸到 3 220 米以下；热液对流系统的"根部"尚未钻穿；在接近井底 2 881～2 887 米处，打到了侵入辉绿岩、可能代表岩浆驱动的对流系统的热源固结部分。

原联邦德国科学家于 1974 年提出一项大陆超深深钻计划，在经过长时间的可行性研究后，于 1985 年 2 月才批准这一计划。它分三个阶段实施：确定钻孔位置，钻先导孔和钻主孔。钻孔位于巴伐利亚的上普伐尔茨。先导孔距离主孔 200 米左右，其目的是提高主孔钻进效率，并调查温度场分布，验证地应力、流体压力和孔隙压力，检验各种钻头、钻具和测井技术装备的可靠性和效率。先导孔于 1987 年 9 月开钻，1989 年 4 月终孔，孔深 4 000.1 米。随后用了一年时间进行测井和试验工作。先导孔有许多新发现，其中令人惊异的是井底温度高达 118.2℃，比预计高出 30℃，于是不得不修改主孔钻进深度，将其降至 10～12 千米。主孔于 1990 年 10 月 6 日正式开钻，1993 年 9 月 2 日钻进到 8 312.5 米。预计 1994 年钻进到 10 000 米。终孔深度要根据 1994 年的钻进情况才能确定。

石油勘探的结果证明，反射波地震勘探方法在地壳浅部的沉积岩层中获得了很大的成功。但是，对于地壳深部由变质岩和岩浆岩组成的结晶岩，由于其矿物和化学成分、结构、物质性质千差万别，这些地球物理方法便不一定那么尽善尽美了。科学钻探在一些地区验证了地球物理方法取得的结果。但必须指出的是。地壳深部的地球物理探测常常得不到钻探的证实。正如美国斯坦福大学德巴克教授所说："我们每打一口井，都会遇到意想不到的结果，这既令人兴奋又使人不安。"

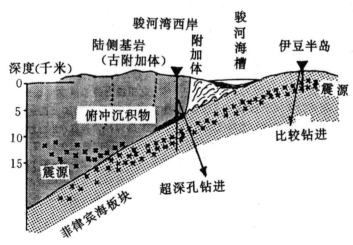

超深孔钻探模式图

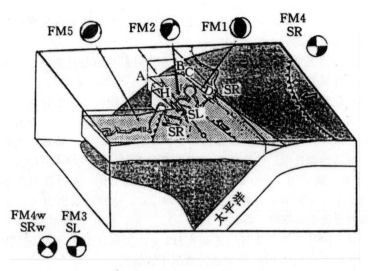

关东、东海地区的板块模型

鉴于科学钻探对了解地球内部是至关重要的，随着科学技术的发展，全世界的科学钻探计划一定会继续得到加强，最终钻井将穿透地壳，穿过莫霍界面进入上地幔。

地球的韵律

炎热的夏季，买西瓜的时候，防止假冒伪劣的一个办法，就是拿起西瓜敲一敲，有经验的人听一听声音，就知道西瓜是不是好的。

这种办法的好处之一是，不用打开西瓜就知道西瓜是不是好的。这种方法，也是研究地球和其他天体的内部结构的好办法。

按照"敲法"的不同，这种方法可以分成两类：第一类是"敲"，比如在地球上发生一次特大地震的时候，地球仿佛是一个巨大的钟被重重地敲击一下，于是余音回响，久而不绝，而正如有经验的钢琴调音师听一听声音就知道是哪里出了问题一样，地震学家也可以通过这种"地球自由振荡"的情况推测地球内部的结构和物质性质。第二类是利用太阳和月球的吸引力，通过研究由这种引力引起的"固体潮"来推测地球内部的结构。

这两种现象在日常生活中都不是罕见的现象。比如在海边，你会清楚地感受到潮汐的存在，诗人们把这种现象称为大海的呼吸。唯一的区别是，地球很硬，在一般的情况下，你根本无法感受到地球的这种呼吸，没有足够精密的观测仪器，你也无法听见地球自由振荡的旋律。

从某种意义上说，固体潮和地球自由振荡的观测是对人类智慧的一种挑战。从观测的角度讲，要测到这样精微的运动，并有效地将这种运动从噪声干扰中分离出来，这不仅是一门技术，更是一门艺术。正因为如此，在这方面的很多仪器，其设计的巧妙和制作的精巧至今仍使人叹为观止。从理论分析的角度讲，要从地球的这种韵律中提取出关于地球内部结构的信息，又是谈何容易的事情，它所涉及的计算量足以令科学中的浮躁者和懦弱者望而怯步。也正因为如此，这方面的理论工作与其说是一种坚持不懈的探索，不如说是向人类智慧和耐力的极限的一种挑战。有些计算完成于若干年前计算机还没有出现的时候，事隔多年，当人们用计算机重复这些工作的时候，人们惊异地发现有些结果居然分毫不差，其工作的质量不能不令人肃然起敬。

今天的计算条件和观测条件自然已今非昔比。然而向更高的精度挑战仍是地球物理学家的一个执著的追求。不要以为这样做仅仅是为了创造一个吉尼斯世界记录，要知道我们生活在其中的这个地球重力场对于我们的生存是何等的重要，我们的卫星和航天飞机需要准确的重力资料才不致于在发射后出轨，没有足够精确的重力资料，导弹就变成了瞎弹。因此这样的智力竞争，其激烈程度和重要性远远超出了奥林匹克运动会。

从理论上讲，提高观测的精度，进一步完善理论模型的工作之所以重要，是因为与这两类现象有关的一些问题目前还没有得到解决。在地球自由振荡的小数点后面，还有一些变化得不到很好的解释。而在固体潮问题中，目前在考虑了地球自转、地球的椭率、地球内部的粘弹性的影响之后，理论结果和观测结果之间仍有一个微小的系统偏差。地球物理学家认为，这种偏差可能起源于地球内部的横向不均匀性，但是这方面的研究尚无定论。因此，一方面在观测上要进一步考虑如何排除海潮、气压、地下水以及仪器本身的影响，另一方面在理论上要更仔细地考察地球介质的各向异性、非线性和更微小的效应。这种难度，好比是听钢琴演奏，一般的人固然可以从中获得美的享受，但是真正能理解作品的人就不是很多，至于从已经调得很好的钢琴的演奏中分辨出还有什么问题，那就非得有丰富经验的调音师才行了。

在研究其他天体的时候，这种方法也是一个非常有效的方法。比如在太阳上出现大的扰动的时候，可以通过太阳的自由振荡来研究太阳的内部结构（日震学）；在行星遭到其他天体的撞击的时候，可以通过其自由振荡来研究它的内部结构；而在有些比较软的行星上，这种潮汐要比地球潮汐明显得多；在有些卫星很多的行星上，这种潮汐现象要比地球潮汐复杂得多。

俗话说，声如其人。利用天体的这种"韵律"来研究天体的结构，也是一个有用的方法。顺便说一下，前几年，有一位天文学家用从天体传来的电信号加工成"宇宙之声"，那令人感到肃然和神秘的音调曾在音像市场上颇受青睐。不知道是否也可以用类似的方法，让大家有机会听一听地球的声音？

透视地球内部

　　少年朋友们，你们听说过 CT 扫描技术吗？你们想知道医学家是怎样利用这种技术为病人诊断病情，地球物理学家又是怎样利用它窥视地球的吗？

　　近些年来，由于科学技术特别是计算机技术的高速发展，人类认识自然界以及人类自身的能力大大增强了。近年来发展起来一种称做层析成像的新技术（也称 CT 技术），把许多复杂的物理过程用一种静态的三维影像显示出来。CT 是英语 Computerizcd Tomography 的缩写。在医学领域是在配备计算机的 X 射线分层照相扫描情况下，利用 X 射线绘制出人体内部的密度变化图，以揭示其内部各器官及异常部分的立体结构。体内密度较大的区域，X 射线吸收也大，这种区域在影像上将呈暗影出现。密度较小的地区，影像清晰。医学家依此识别人体结构的特征及病情的演化特征。但是，相互重叠的结构则往往难以识别，特别是其密度接近时更是如此。配备计算机的 X 射线分层扫描照相，是将许多沿不同路径射入人体内部的 X 射线提供的信息，用数字方法进行高分辨处理。所得结果为一些水平单片，然后将这些结果重叠时却可显示出三维的内部结构。

　　要了解地学的层析成像技术，应首先了解一下地震波的某些知识。原来我们居住的地球是一种弹性介质，它会传导地震波。地震波是一种由地震导致应力释放所触发的传播开来的应变。地震波分为体波和面波。体波又分纵波与横波。纵波如同声波一样，它是沿传播方向的周期性压缩和膨胀组成的。横波类似于电磁辐射，波的振荡方向垂直于传播方向，可以发生偏振效应。

　　面波也有两种基本类型：端利波和勒夫波。这两种波都是在地球表面传播的波。前者能引起岩石质点在震源与探测器之间的垂直平面内做椭圆形运动；后者是一种在平行于地球表面的水平面内振荡的偏振横波。虽然

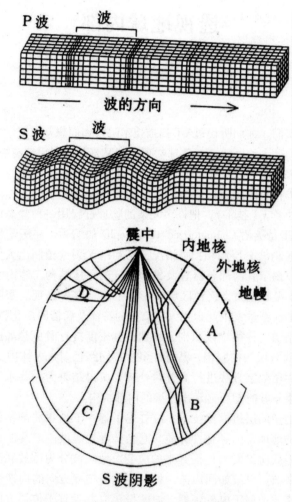

图15 地震波怎样揭示出地球的内部结构

面波都沿地表的大圆路径传播，但它们却能散射到深部地幔。因此，它们能提供有关地幔的某些信息。横波的速度随介质的刚性变化，介质刚性愈小，其速度愈低。因此，横波不能通过液体。根据这种道理，科学家才发现外地核是液态。地球内部温度、压力、成分和密度的变化会影响地震波速度变化，从而使地震波折射或反射。这种特性波在地表、核幔边界和固体内地核顶部反射特别强烈。因此，研究穿透地球内部不同路径的地震波，可以得到不同地区的三维结构。

地球内部，特别是深部是非常复杂的。比如地球的岩石圈层是由十多块刚性板块组成的。这种板块漂浮在下伏的地幔上，它们的运动可重塑地球表面，比如形成山脉、海洋等。现在科学家已经找到驱动这种运动的动力是地幔中的对流循环。地幔是固体岩石，但它的温度相当高。因此，整个地质时期内就容易发生变形与流动。地下很多动态过程及地幔中的对流细节，浅层与深部的细结构等等问题，都是利用上述震波层析成像技术进行研究的。应用震波 CT 技术研究地球内部时，所测量的是地震波的波速变化，并非是地震波的吸收，所得结果是反映地幔内波速的快、慢差异。这些异常区常常是通过组合许多交叉射线提供的信息发现的。如果单条射线的速度偏离预报值，那么引起这种偏差的异常地幔物质应处在这条射线路径上的任何一处。若另一条射线在某点与之相交，则第二条射线的速度，在交点处就对前一条提供了一个约束条件。许多条射线交汇的密集网，将构成一个相互约束网络，从而可以给出网络覆盖速度结构图。网络越密，分辨率越高，所得结果精度也越高，可信度也越大。因此，这就要求观测点要多，数据量要大。国际地震中心收集了大量有关地震波列和长周期面波记录的数据。在对深部地幔研究中，体波是探索下地幔从深 670 千米的上地幔底部到 2 900 千米的地幔界面的唯一的直接手段。

最近，科学家根据 50 多万条射线数据的研究结果，得到了一个下地幔模型，可以分辨出水平规模为 2 000～3 000 千米和垂直范围在 500 千米的构造特征。另外，科学家还应用这种技术和面波数据，绘制了上地幔内波速异常的横向和纵向震波层析影像图。目前。这种技术已得到广泛的应用。应用这种分析技术，有可能得出地幔内热物质水平流动的特征，从而可清楚地确定出大洋中脊及大陆裂谷之下的地热上升以及西太平洋俯冲带的向下移动，甚至可以追踪深部火山区之下的热异常。热异常和它引起的密度变化，在某种程度上控制着板块的运动，而板块构造又影响着异常的分布位置。可见这种技术对追踪地震的动态预报是很有用的。值得提及的是，

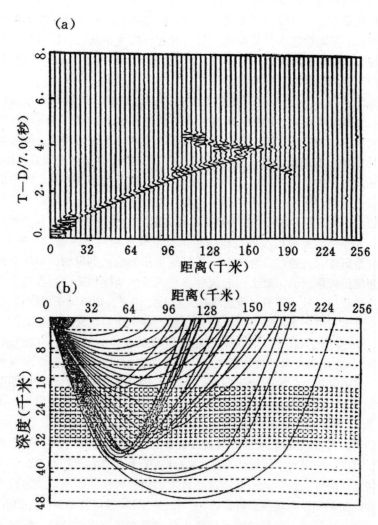

速度剖面模型的合成图（a）和射线追踪（b）

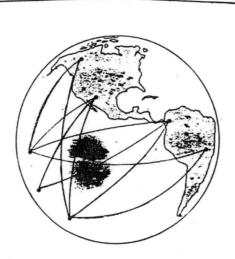

上地幔

下地幔

地震波透视地球内部

　　震波射线层析术，可以通过组合很多从地震震源（红点）沿交叉路径传播
到地震台（黑点）的地震波信息，找出地幔的波速异常区（红色），未通过异常
区的地震波按它们的地表距离表示出正常的传播时间（走时），而穿过异常的地
震波则减慢或加快了。可以利用相交射线的密集网络来确定异常和测定该异常
传导地震波的速度。这种异常的结构必定造成所有通过它的射线走时的测定偏
差。利用穿入地球内部的体波（上图），可以绘制出下地幔的结构图。而能"透
视"很大深度的长周期面波（下图）则对地幔提供最佳覆盖。

科学家还把这种技术用于矿产勘探领域。除了震波 CT 技术外，目前发展起来的还有电磁波 CT、电阻率 CT 和重力 CT 等。

震波 CT 技术是革新技术的产物，它改变了以往研究问题的程序。科学家们不再试图根据地球重力场推论地幔中密度异常的存在，而是利用地震波得出的密度分布图来解释所观测到的重力异常。

尽管震波层析成像术能使科学家识别隐藏在地球内部深处的某些三维结构，有助于阐明地球内部运动的起因和深化我们对地球内部结构的认识。遗憾的是，现阶段这种技术的分辨率还不高，这是因为现有的数字地震仪台网过于稀疏，离问题的要求还相差较远。因此，这就大大限制了它的分辨率，甚至对浅层分析亦是如此。目前，只对很大的半径为 2 000 千米的波速异常或对非常显著的波速异常才能进行制图。有时极难区别两种密度相近的物体，而且利用爆破资料也只能获得某些较浅层的信息。当然。深部地球物理学毕竟还是一门年轻的学科，但这项技术毕竟是很有希望的。我们猜想到了 21 世纪，随着数字地震台网数目的加强，分辨率也就大大提高了，在此基础上 CT 技术将会产生更大、更重要的作用。

科学家将通过 CT 技术甚至可以敞见地球的未来。少年朋友们，为迎接新的挑战，努力学习吧！

地震能事先预报吗？

　　我国是世界上自然灾害最多，灾害损失最重的国家之一。地震是一种自然灾害，而且所有的自然灾害当中要算地震的破坏最为猛烈与集中。强烈的地震可以使地形改观、河流改道、桥梁崩塌、房屋毁坏、人畜伤亡，给人类生命财产带来巨大损失。尤其是，地震不仅破坏猛烈，而且所有的破坏可在几分钟甚至短短的几秒钟内完成。因此，地震是人类社会繁荣发展的大敌。

　　当前，人类正处在科学和技术迅速发展的时期，因此，摆在人类面前最迫切的任务是，如何利用现代科学理论、方法和高技术认识、了解地震孕育的物理过程，并能成功、准确地预报它，最大限度地减少各种损失与伤亡。

　　实际上，现阶段要达到对它的准确预报，并不是那么容易，甚至可以说"地震预报"目前是一个世界难题。这是因为地震一般发生在地下 10 ～ 30 千米的深处，人类目前还窥测不到如此深处的环境状态。特别是地下介质受高温、高压作用和化学组分变化的影响，介质变得非常不均匀。而且随着地球的演化，板块长期连续地机械运动与上述诸因素耦合在一起，使局部介质的特性变得非常复杂。另外，大地震的孕育时间相当长，有几百乃至上千年的历史。这样长的孕育时间使我们对某个地震难以认识它的全过程，也根本无法知道它的起始条件到底是从什么时候开始的。因此，现阶段人们还难以准确地预报它。

　　我们知道，任何一种事物或现象要想准确地预报它，就必须对它的特征了如指掌，清楚它的机理。当然，这并不是说什么事情只有完全清楚之后才能提出其预报问题。实际上，一切科学问题都是采用从实践到理论。再从理论回到实践的认识过程。同样，对地震问题也不例外，首先要了解一些有关地震活动的基本问题和特征。

a 微裂隙的形成

压应力

张应力

开口裂隙

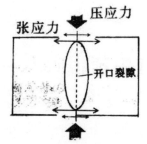

b 断层成核

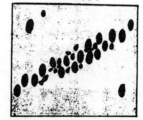

c 断层扩展

d 断层带

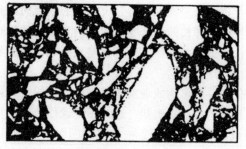

地震成因的物理过程

全世界每年有十几次破坏性地震发生，其中绝大部分发生在环太平洋地震带。按深度划分，该地区发生的浅震（深度＜30千米）占全球的80%，中源（深度60～300千米）地震的90%和几乎全部深震（＞300千米）都发生在这一地区。地中海和亚洲地震带的地震活动也相当强。震源深度的研究表明，绝大多数包括那些能量最大的地震，都发生在深度不超过40千米的地壳内。往下直至250千米，地震频度随深度增大而减少。300千米以下至700千米，地震的垂直分布相当均匀。若以类型划分，有诱发地震、塌陷地震、矿山地震、水库地震、核爆炸地震以及由于地质构造运动引起的构造地震等。后一种地震危害最大，破坏性最强，也是我们研究的主要对象。构造地震又分板块边界地震、板内地震和海岭地震。板块边界地震强度大，有时会大于8级。但这种地震经常有重复发生的趋势，典型的复发周期为几百年。这种地震活动的序列似乎比较规则，容易识别出其活动的周期性、空间分布特征，而且震中有沿地震带迁移的趋势。

板内地震是指发生在板块内部的地震。我国的地震活动大都属于这一类。这类地震一般具有中等强度，震级在7～8级之间。有资料证明板块内的摩擦力或岩石强度，要比板块边缘处高得多。板块内应力的积累与释放会造成许多不同尺度的破裂。与板块边界地震活动相比，这种地震很不规则，没有明显的周期性。海岭型地震通常是小震，危害不大。

目前地震预报工作的现状、存在问题及未来前景怎么样呢？科学家经过几十年的不懈努力，试图预报并减轻灾难性地震的危害。目前，系统的研究工作加快了实现这个目标的进展。但由于科学发展和技术水平的局限性，现阶段地震预报工作仍处在经验性预报起重要作用的阶段。这是因为任何一个地区无震时间很长，有震时间很短，且地震时间、空间分布十分离散，地震台站数量又少等原因。我们知道，成功的预报必须包括三要素的正确估计，即地震发生的时间、地点和大小。为实现这个目标，再根据上述地震活动的特征，研究人员首先根据一个国家内的地理分布和地震活动性把空间分成许多小的区域，然后分区研究地震活动特征，利用这些特征统计分析其周期性和复杂性以及地震和与其他现象的相关性，从而提出趋势估计。实际上这些方法即使确定了一个序列的周期性，它也只能是对所分析对象的平均状态有效。因为我们不能以上次地震的发生时间为起算点，简单地算出下次地震的特定时间间隔。但是，应当指出这种方法对趋势估计有时还是有效的。我们应当强调的是物理预报，因为成功的预报，必须直接或间接建立在对地震认识不断深化的基础上。以上我们提到的地

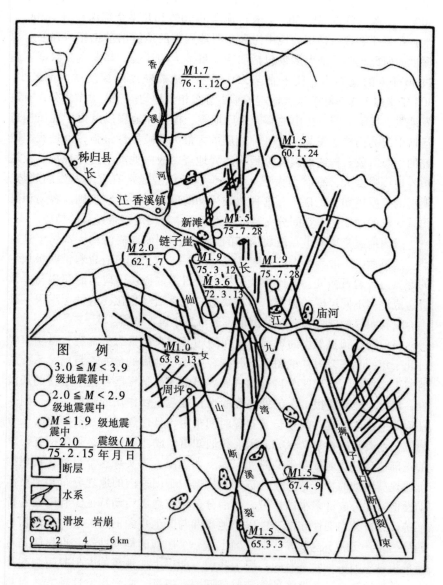

新滩周围断裂地震分布图

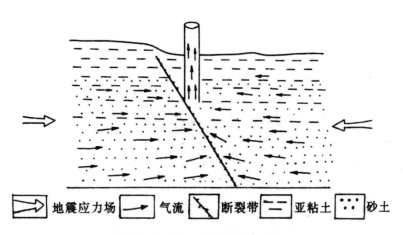

➡ 地震应力场　→ 气流　↘ 断裂带　— 亚粘土　∵ 砂土

断层气地震前兆异常机理模式图

震问题是复杂的，描述地震动力学过程是了解地震问题的本质，因此，地震预报本质上也是物理预报。目前，科学家已充分注意到这个问题，应用许多物理前兆手段，观测震前各种手段的异常现象。当前参与预报的前兆手段有地形变、倾斜和应变、前震、描述地震大小比例的 b 值、地震活动性、震源机制、断层蠕变、波速比 v_p/v_s、地磁、地电、电阻率、地下水位、水氢、地温和电磁波等。但是，由于问题的复杂性和目前的认识水平，尚未能搞清到底哪种手段最重要，真正描述地震孕育过程的物理量还未被识别出来，甚至可以说还未找到。

目前，科学家正在不懈地努力着。随着科学与技术迅速发展，科学家将应用深部钻孔和 CT 技术，在逐渐探清地壳深部结构和介质不均匀性的基础上即可找到描述地震孕育过程的物理量。到了那时，准确的预报将成为可能：第一阶段，由统计预报对未来某个地区做出趋势估计；第二阶段主要是探讨可能发生在某个地区的地震类型、震级大小和其他构造运动参数的预报；第三阶段是物理预报，其目的是识别真实前兆、精确确定三要素，为最终做确定性预报打下基础；第四阶段是临震预报，这个阶段我们不应该把它看成是严格的预报，而应把它看成是一种有希望的减轻实际灾害的阶段，这时期应该依靠一种完全自动的监视系统，这个系统与应急的公共或工业设施相连结，能迅速用于各种突然事件。如果监测系统精确并确认地震迫在眉睫，则能在主震到来之前短暂却是非常有用的时间内启动各种应急设备，以避免人财物的损失与伤亡，同时尽可能地收集并存储地震能量为人类造福。

从科学发展的角度看，地震是可以事先预报的。

人类能不能控制地震？

　　天然地震的人工控制问题包括两个方面：第一个方面是，能不能利用某些技术手段把将要发生的地震"消化"掉，这就是所谓"地震控制"的问题；第二个方面是，某些特定的人类活动，是否有可能导致一些地震的发生，这就是所谓"地震诱发"的问题。这个问题的另一个比较浪漫的提法是所谓"地震武器"问题，它指的是，能否利用某些技术手段，在某些地区，人为地"制造"出一些破坏性地震，从而实现军事打击的目的。

　　天然地震的人工控制问题与人类对地震成因的认识有着极为密切的关系。在中国古代，人们认为地震是上天对人事国政的一种干预。西周地震的时候，伯阳父就说"周将亡矣"。因此控制地震的一个被认为是有效的方法就是在政治上不要乱说乱动。清朝康熙年间，北京地区连连发生地震，康熙皇帝的反应之一就是亲赴祈年殿祭祀上天，安抚民心。古代的日本人认为，地震是地下巨大的鲶鱼翻身造成的，因此也就有了用把鲶鱼压在巨石下面的方法来"控制地震"的英雄。

　　科学意义上的地震成因理论大约开始于本世纪初。1906 年，美国旧金山发生了一次大地震，地震发生的时候，圣安德列斯断层发生了明显的错动。恰好在这次地震发生的前后，横跨圣安德列斯断层进行过几次大地测量，这些测标的变化清楚地反映了地震的孕育和发生的过程。在总结这次地震的观测资料的时候，地震学家提出了一个符合实际的地震成因理论，认为地震的基本成因是地下岩石在构造应力的作用下发生弹性形变，当这种形变达到一定程度时，岩石便以断裂的方式回到原来的状态，断裂两侧的岩石发生"永久性的"相对位移。这个理论与后来逐渐积累起来的很多观测事实相符，因而为许多地震学家所接受。

　　这一科学的地震成因理论的完善花费了地震学家大约半个世纪的时间。

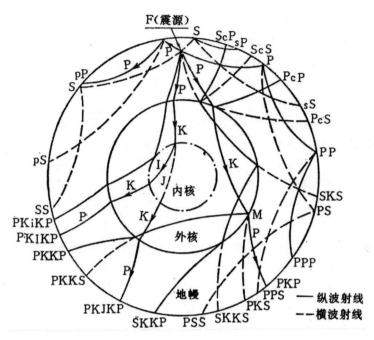

震中距大于 105°时观测到的地震波

这主要是因为其中几个关键性问题的解决是需要时间的。第一个问题是，地震波从地震震源辐射出来之后，并不能直接到达地震台站，而是要在地球内部发生反射、折射、色散、衰减，这些物理过程与地球内部的物质结构和物理性质有着极为密切的关系。科学家得到目前大家熟悉的地壳、地幔、地核的地球内部结构，是 20 世纪 30 年代以后的事。这样，人们所记录到的，并不是真正的震源运动，而是一种经过地球这个巨大的滤波器进行"滤波"处理之后的畸变的运动。如何"扣除"这些畸变从而得到真正的震源运动，并不是一项容易的工作。第二个问题是，地震观测仪器的发展是一个需要时间、需要经费（有时甚至是巨额经费）的过程，它受到很多技术方面的制约。在现代地震观测中发挥了巨大作用的电子技术、数字通讯技术和计算技术的发展，都是 20 世纪 60 ~ 70 年代以后的事，而在此之前，进行震源研究所必需的近震源观测和宽频带观测，都还是相当困难的。第三个问题是，对于连续介质中断裂的发生、发展和停止的力学过程的理论解释和实验研究，都是 60 年代以后才迅速发展起来的。然而无论如何，关于对人类生活产生巨大影响的破坏性地震的成因，目前已经有了一个初步的认识。形成地震断裂的原因有两个方面：内因是在地球介质中具有地震发生的条件，外因是需要有引发地震的足够的动力来源。一般认为，地震之前通常要经历一个应力积累的过程，这种应力主要来源于岩石层板块之间的相互作用。事实上，全世界的大部分地震能量释放，都集中在板块边界附近。认识到这一点是 60～70 年代的事情，这个学说成功地解释了极不均匀的全球地震地理分布的图像。至于比例很小，但却对人类社会生活有着最直接的影响的板内地震的应力场，目前还在研究之中。这个问题的复杂性在于，岩石层是一个整体，这就好像在拥挤的剧场中的骚乱，每个人的确都只能影响到与他最邻近的其他人，但是拥挤的结果，却有可能是一个人的绊倒通过"形变"的"传播"使在他数十米之外的另一个人受伤。应力的积累形成了地震发生的环境，在这种环境下，通常需要经过一系列复杂的物理化学变化。这个过程的观测、描述和预测都是相当困难的。描述这一过程的某些必不可少的物理模型的出现和使用不早于 80 年代，这也是为什么地震预测问题至今仍是一个难题的主要原因。经过这一复杂的物理过程，终于在某个特定的薄弱环节上，具备了地震发生的条件，这里也许是业已存在的断裂带，也许是应力特别集中的区域，也许是热作用导致的非常脆弱的地区。但即使如此，地震的发生仍是不容易预测的。这时的情形，仿佛是一个处于大变革前夜的社会，任何一起谋杀甚至交通事故都有可能导致一场战争。用物理学的语言说，此时涨落开始具有决定性的意义。

因此，地震的发生需要两个条件：动力源和地球介质中的薄弱环节。地震控制问题的考虑，一个主要的思路即是解决这两个方面的问题。比如，一些地震学家提出，通过地下核爆炸，是否可能把业已积累起来的应力通过"零敲碎打"的方式消耗掉，从而"大震化小"，"小震化了"。应该指出，目前这方面的研究还仅仅是一种研究，在 1994 年莫斯科"核爆炸诱发地震问题国际工作研讨会"上，争论一直持续到闭幕式还没有结束。不过干预自然过程总是人类的一个永恒的愿望，特别是当人们意识到自己的确拥有这个能力的时候，这种愿望会变得尤为强烈和执著。可以预测的是，在 21 世纪，一定会有几代人为这个梦想而进行不懈地努力。谁能保证他们的梦想不会变成现实呢。

而对一类特殊的"地震"现象的观测和研究，的确在相当程度上增强了人们的信心。因为这里的一个重要问题是，从大小上看，人类活动是否足以对地震有所作为。20世纪40年代以来，一些大型的工程项目表明，人类的确已经开始拥有这个能力。大型的水库甚至可以诱发 6 级以上的地震，一次 10 万吨级地下核试验产生的地震波的能量则与一次 5 级左右的地震相当。与大自然相比，看来至少在某些情况下，人类活动并不是蚍蜉撼树。不过值得指出的是，由水库、核爆炸等人类活动所诱发的地震，在很多方面与我们前面讲到的天然地震是有相当大的差别。由水库蓄水、采油采矿、地下核试验等人类活动诱发的"地震"和使用这些手段对天然地震的控制，这并不是同一个地球物理问题。明确这一点，还是 80 年代以后的事情。

按照应用范围的不同，地震控制所要采取的技术手段也有很大的差别。比如在需要通过小震的方式解除已经积累起来的应力场时，如何制造出足以消化业已积累起来的应变的小地震，便是地震控制工程所要解决的主要矛盾。在大型工程项目上马时，如何防止诱发地震活动所带来的灾害，是一个需要考虑的重要的问题。有时可能需要在人口稀少的地区"制造"一些地震，从而为研究地球内部结构开展有目的的准可控实验。但是，把地震破坏作为一种实现军事打击的武器，却无论如何不能算是地震学家的光荣。

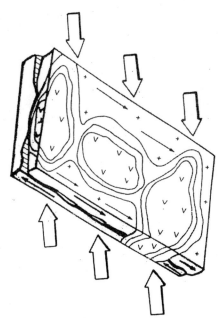

断层带简化示意图

　　附带说明一下，这里考虑的地震，仅仅是深度为几千米至二三十千米的天然地震。按照成因和性质的不同，地震可以分成三类：中深源地震、浅源地震、诱发地震。深度从约 100 千米到约 670 千米的地震，据认为是地球内部物质的物质组成和物理性质发生突变的直接结果。地震的终止深度约为 670 千米，在此之下，目前还没有观测到更深的地震，一种看法认为，在这个深度上，存在一个明显的间断面，在这个界面的两侧，地球介质的物质性质甚至物质组成都具有明显的差别。中深源地震一般与俯冲带有关，在这个特殊的条带状的地质构造带中，不同的岩石层板块之间发生俯冲或碰撞。比如在日本列岛，太平洋板块俯冲到欧亚板块之下；而在西藏，印度板块与欧亚板块发生碰撞，形成了喜玛拉雅山和青藏高原。关于浅源地震，我们在前面已经做了很多介绍。某些自然过程和人类活动也会导致地震的发生，这类"地震"称为诱发地震。之所以加上引号是因为这些地震的性质与前面讲过的地震还是有很明显的差别的。自然过程引起地震的例子，可以举出的有火山地震、溶洞塌陷等等；人类活动引起地震的例子，可以举出的则有水库诱发地震、矿山地震、核爆炸和大的化学爆炸诱发的地震，等等，已如前所述。

家用地震仪

设想在飞机上从夜空中俯瞰一个城市。假定这个城市只有四盏灯在不同的地方照明，那么你看到的只是一个由四颗星星组成的星座。如果用更多的灯在城市的边缘照明，那么由这些灯的位置你可以看到城市的轮廓。如果所有的街灯都亮起来，那么你就可以分辨出街道。进一步，如果它为所有的建筑物照明，那么你就会看到这个城市的更详细的结构。

我们这里涉及到的问题，是一个在地球科学中相当普遍的问题。迄今为止，地震台站的密度还是相当有限的。这种情况或许可以解释，为什么目前人类关于地球内部结构的分辨本领还很低，而这也正是目前地震预测工作举步维艰的根本原因之一。21世纪的地球科学要取得重大突破，中小尺度的观测与试验看来是一个必不可少的环节。科学家们设想，假如随时可以在方圆几千米的范围内布设上百个乃至上千个观测点，那么关于地球内部，特别是与我们关系最为密切的地壳的结构认识，我们就会有一个相当大的飞跃。假如可以对已经出现某种程度的前兆异常的地震危险区进行密集的强化观测，那么也许有希望可以对这个地区的深部地质构造进行动态的、高分辨率的观测和研究，从而对可能发生的地震做出成功的预报。

众所周知，建设地震观测台网所需要的经费是非常可观的。至少在目前和今后的相当长的一段时间内，这个问题还很难得到根本的解决。然而另一方面，在更多的情况下，对某个特定地区的强化观测并不需要所用的仪器达到固定的地震台站的技术要求。比如，如果想利用地震波的传播时间对某个地区进行层析成像（即用地震波为地球内部做CT）的话，所用的地震仪只要能把地震波的传播时间测准就可以了，而不必强调它能在多宽的频带范围内无畸变地记录地震波形。在地震仪的设计和生产过程中，做到无畸变地记录地震波形往往要花费相当多的精力和经费，仪器频段的宽

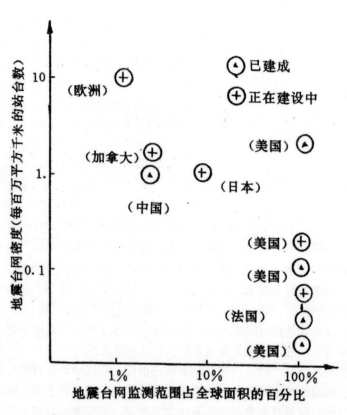

几个主要国家和地区的地震台网的覆盖范围和台网密度

度往往是与经费的若干次方成正比的。再比如，如果只是对某个地区进行一段时间的观测研究的话，那么这种观测对于地震仪的耐久性的要求就不那么迫切。总之，每项工作有每项工作的主要矛盾，这种情况就好像登山的时候不必要带着船一样。

　　长远地看，一个科研机构或地震监测机构生产和使用大量技术指标有限的地震仪，这种做法不仅与科学观测的精益求精的精神背道而驰，而且更多地是一种不负责任的浪费。然而另一方面，社会却有可能在某种意义上承担这些地震仪的"消费"。这类为某种特殊的目的而设计和生产、价格较低、使用方便的地震仪称为家用地震仪。它也许会成为 21 世纪家用电器家族中独特的一员。

　　随着人们生活水平和整个社会的教育水平的不断提高，21 世纪的人类家庭生活将向着高雅、健康和多样化的方向发展。

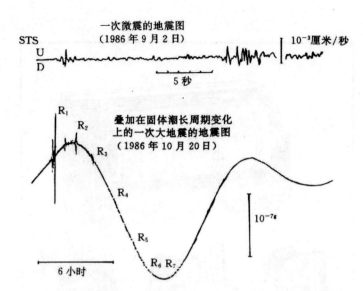

一次微震的地震图
（1986 年 9 月 2 日）

STS 10^{-3}厘米/秒

U
D

5 秒

R₁
R₂
叠加在固体潮长周期变化
上的一次大地震的地震图
（1986 年 10 月 20 日）
R₃

R₄

10^{-7} ₈

R₅

R₆ R₇

6 小时

现代宽频带大动态数字化地震仪的记录，上下两道记录是由一
台地震仪记录而通过两次不同回放得到的

现代数学化地震记录

　　这种中低档型的家庭消费将有两个很大的市场：一个是 21 世纪逐渐增加的富裕、健康、受过良好的教育、有较多的时间、渴望向社会证明自己的价值的退休人员，他们的富裕使他们有能力在不影响自己生活水平的情况下作为一种业余爱好购买和运转价格可以接受的仪器，他们的教育水准和渴望向社会证明自己的价值，并在某些公益性质的工作中为社会作出更多的贡献的心态，以及较多的业余时间使他们中的一些人有可能有兴趣以志愿者的身份介入这类公益事业。另一个市场是财政状况和教育思想逐渐得到改善的学校，在一些大专院校和中小学设立简易型地震观象台将成为一件很普通的事情。

　　从地震仪的设计和生产上讲，20 世纪电子技术的迅速发展使以小型化、集成化、智能化为特征的"简易型地震仪""傻瓜式地震仪""便携式地震仪"成为可能。这些地震仪突出某个特定的技术指标，而对其他技术指标加以适当地取舍，因而成本较低；采用新一代电子技术，因而便于维修、操作以及用个人计算机进行数据处理；出于某些商业上的考虑，这类仪器除了本身作为一种科学仪器的功能之外，往往还附加了健身、装饰、智力开发、科学普及等其他功能，用来吸引更多的用户。

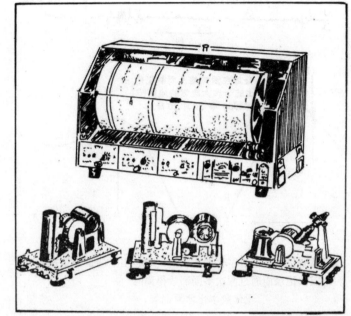

（a）短周期地震仪

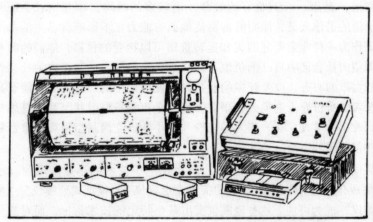

（b）三路遥测地震仪

地震仪

当然，使用方便不等于谁都会用，所以必要的技术培训和科学普及仍是必不可少的。为突出某种应用目的而牺牲某些其他的技术指标也不等于说没有标准，仪器标定可能是这类家用电器的售后服务的一项重要内容。此外，毋庸赘言，"打假"也决不是可有可无的事。

进入信息时代的现代地震学观测与研究，将以更及时的、质量更高的地震信息服务，通过新闻媒介和其他信息服务系统，为社会公众带来更多的方便和更多的惊喜。这种实实在在的发展将比任何促销手段和公关活动更有效地吸引社会公众对地震科学的兴趣。而除了利用公众手中的家用地震仪帮助科学工作者更好地开展地震科学研究之外，这件事情的更明显的效益还在于它可以有效地动员社会力量开展地震灾害的预防，从而最大限度地减轻地震给社会带来的破坏。

因此，家用地震仪进入我们的生活，并在某些特殊的情况下为地震科学和防震减灾事业作出贡献，也许并不是很遥远的事。目前在美国，花几百美元即可在市场上买到突出某种性能、操作方便、可以用个人计算机进行数据处理的"个人地震仪（Personal Seisrnograph）"。这种地震仪甚至被某些研究机构用于某些特定的研究项目。

专业地震队伍"鞭长莫及"的情况并不是一个新问题。为了解决这个问题，人们曾经想了很多办法。20世纪60年代，为了解决专业地震工作力量不足的问题，曾经提出了"群测群防"（即群众性的观测和灾害预防）的对策。这一做法在当时的情况下，在防震减灾的社会努力中曾经发挥了独特的作用。然而由于整个社会的经济发展水平的制约，这种做法在当时并没有、也不可能发挥出它应有的作用，它所带来的某些消极影响则是后来人们对它做出过低的评价的原因之一。可以预见的是，随着家用地震仪的普及，"群测群防"工作将会以一个新的面貌为社会的防震减灾工作作出贡献。

天灾可以预防吗?

　　人类生存的自然界有许多自然灾害,像山体滑波、泥石流、洪水、火山喷发和地震等都是自然灾害。这些天灾经常给人类的生命和财产造成严重威胁与损失,同时也给工程建设带来巨大危害,甚至有时对风光秀丽的风景区也会造成破坏。我国某些地区,特别是西南地区,每年都要发生若干起山体滑坡现象,占全国山体滑坡总数的一半以上。特别是自20世纪80年代起,我国大规模的山体滑坡活动进入了一个新的活动期,相继发生了湖北盐池河山崩、长江鸡扒子滑坡、甘肃洒勒山滑坡以及三峡新滩滑坡等。总计伤亡人数多达500余人,直接财产损失数以千万计。若论全球发生的滑坡、泥石流、洪水等天灾现象,那就更多了。这些现象给人类造成的各种损失就更无法估计了。如果事先能比较准确地预报出这些自然灾害发生的时间、地点和规模,人类就可以适当采取相应措施,防患于未然,将这些灾害造成的损失减小到最低限度。由此可见,研究这些天灾现象的意义是何等巨大啊!

　　自然界中许多天灾,特别是地质灾害的现象和机理都是非常复杂的。地质灾害有其自身的特点。它们的根本原因是岩石介质有其不连续性,岩体中的节理、断层和破裂结构面,破坏了其连续性和完整性,而且直接影响岩体的力学性质和破坏方式。工程地质科学家早就认识到这种问题,并致力于探索定量测量刻划岩石结构数学模型的研究。但是,由于这种结构面几何形状的不规则性、不连续性及所形成结构面网络的复杂性,使在建立数学模型时遇到了困难。而且,自然界中万事万物都是动态的,而几何特征的静态特性并不能反映表示其孕育过程的动态行为。因为这些灾害现象一般来说,都有一个复杂的孕育和演变的动态过程,而且它们所处的环境状况人类一时又观测不到,也看不见。就岩石介质而言,它具有高度不均匀性和各向异性。地下温度、压力及化学组分的变化以及外部动力环境对它的扰动影响 这些因素长期耦合在一起 彼此之间既产生合作现象又相互竞争。随着时间的演化，它们便自组织成一个变化复杂的动力系统。随着空间范围的不断扩大，这个自组织系统就成为一个宏观系统。这种宏观的自组织系统的动力学行为，把本来可能是很简单的问题搅得非常复杂和不确定。特别是，这种宏观系统在与周围环境不断地交换着物质与能量，使系统成为不可逆的，而且它存在着突变性。对滑坡而言，不同地区的斜坡系统可能有不同的演化方式。然而，控制这种系统破坏的物理变量的作用却是相同的。对一个斜坡系统，有地质构造、地下水、地应力、地层岩性、地形与地貌、地下温度的变化以及外界气候和降雨量等的扰动。这些因素中哪种因素最重要呢？特别是当接近斜坡失稳滑动时，所有的物理量还都是同等重要吗？有没有少数几个甚至一个起支配和控制作用的物理量呢？回答是肯定的，只是目前尚在探索中。

滑坡、泥石流等几乎都有长时间的孕育过程，有时可达几十甚至上百年的孕育历史。岩体在这么长的时间里经受自然界风化与侵蚀作用，尤其是受地幔深部对流过程以及地表板块构造作用力的间接影响。特别是系统在自发演化过程中，系统的动力学特性将导致其最终出现不稳定性，即便是系统初期是稳定的。从 1983 年洒勒山滑坡裂缝的变形过程来看，从 1979 年至 1981 年上半年，其变形过程是比较稳定的。自 1981 年下半年开始，裂缝宽度的增长开始不稳定，表现为一种急剧增长的加速过程直至滑坡发生。另外，从洒勒山新滑坡位移变化曲线看，也有一个相对稳定，然后到达失稳的加速过程。尽管这些灾害现象长期的演化过程是相当复杂的，它们的共同特性是，在系统失稳前其物理量均有一明显的发展趋势。我们看到这种变化奠定了其研究方向和预测基础。

应当指出，很多灾害都与地质条件密切相关，而一涉及到地质构造，时间作用就显得十分漫长。因此每当人们观察这种现象时，随机性和不连续性就成为主要矛盾，因此也就难以认识和解释它的复杂性。以往的研究中，很大程度上是根据各种经验，把不规则和不连续的时、空变化和前兆现象加以简化及规则化处理，然后进行确定性预报。有时，假定某种现象的时间、空间及规模上处理为相互独立的随机事件，应用这种模型进行危险性分析。实际上，例如滑坡、泥石流及洪水等天灾往往没有严格的周期性，也不是概率均等的随机事件，而且是由系统自身的固有特性决定的。

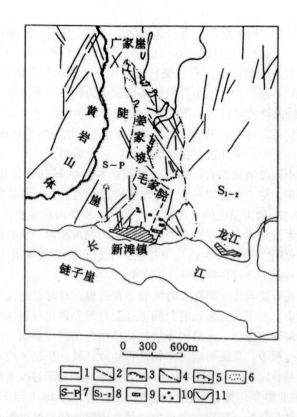

滑坡发生前新滩地区解泽图

1. 裂隙 2. 线性影像 3. 陡坎 4. 古滑体边界 5. 柳林滑坡
6. 崩积区 7. 志留系 8. 中下志留系 9. 房屋 10. 滚石
11. 公路

尤其是将系统看成为一种静态过程，就更难识别其本质了。随着科学的进步，科学家正在将上述静态过程迅速转变为真实的动态过程，探索这些天灾系统的复杂性和可预测性。当然，这种理论分析应该建立在实际系统的观测过程中。

现在，科学家将这些灾害的预报分成三个阶段，即长期预报、中期预报和短临预报。实际上，长期预报是一种趋势预报，也是一种近似预报，误差较大。中期预报是在上述基础上根据系统发展状况提出的预报。在这个阶段，系统将显示出演化的各种复杂性。因为每个物理量都在按自己的需要驱动系统向前发展，系统有一定程度的不稳定性。这个时期提出的预

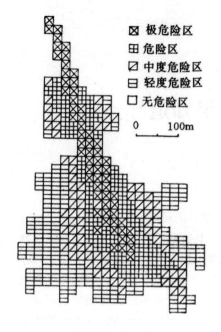

⊠ 极危险区
⊞ 危险区
⧄ 中度危险区
⊟ 轻度危险区
☐ 无危险区

0 ——— 100m

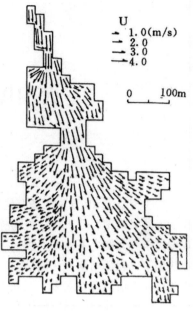

U
→ 1.0(m/s)
→ 2.0
→ 3.0
→ 4.0

0 ——— 100m

流场分布图

泥石流堆积区危险度分区图

报也有一定程度的趋势性，并存在某种程度的误差。临界预报应该说是一种必然性预报。系统有明显的优势取向，也许少数几个物理量就能决定系统的发展。这是一个极不稳定的阶段，一切随机因素均不存在。尽管如此，要想知道例如滑坡的具体发生时间仍是困难的，因为准确到何种程度仍是科学家努力的方向。应当指出，某些天灾的研究还是一门年轻的学科，人类对地质体的认识还很肤浅，而且理论分析对实践起指导作用的阶段还刚刚开始。

科学的发展必将使人类深化对各种问题的认识与识别。我想不仅如此，人类还将会预防并控制某些灾害的发生，例如某些塌陷、滑坡、洪水和泥石流。对于某些局部的山体滑坡，可应用岩石锚固工程技术抑制其灾害的发生。对于洪水等灾害除了对它们的准确预测外，还可开辟新的渠道并使其发电为人类造福。我们猜测，到了21世纪30年代，人类可在一定程度上预报、治理并控制自然界给人类造成的危害，同时收集并利用这些灾害中的能量，使人类在与自然界的斗争中保持持久的繁荣与发展。

火山爆发早知道

1980 年 5 月 18 日美国圣海伦斯火山喷发的壮观景象，就像一幅美丽无比的天然风景图，令人神往与陶醉。这天上午 8 时 32 分，圣海伦斯被一次震中位于其北侧之下的 5.1 级地震所触发。接着，火山坑侧翼开始出现小冰块塌落，刹那间整个北侧像一巨大块体开始移动。突然，一缕蒸气和火山灰柱冲出山顶高耸入云，五光十色的蒸气、岩浆和巨大的崩塌物积聚在一起，形成一片横向爆发的炽热而稠密的蒸气云直上云霄，并不时散落下绚丽多彩的喷发物。顿时，山体中巨大的块体上下翻腾，如倒海翻江一般，其间伴随着雄狮猛兽般的怒吼声响彻天空，震撼着山谷。

圣海伦斯火山的喷发，排出了 2.7 立方千米的火山岩，使面积为 500 平方千米的地区成为一片废墟。如果用核爆炸所释放的能量描述火山喷发，圣海伦斯火山 5 月 18 日连续 9 小时释放的热能和机械能是 1.7×10^{18} 焦耳，这相当于一次 4 亿吨的核爆炸。它的平均功率为 5×10^{13} 瓦，持续输出功率大约可与 27 000 颗广岛原子弹的连续爆炸相比，9 小时内每秒钟 1 颗。可见，火山爆发是一种破坏性极其严重的自然灾害。它不仅可以毁灭数十乃至数百千米的山川水脉，而且喷发物造成的污染可以影响到全球环境的变化。因此，我们有必要了解一下火山爆发与地震活动的某些知识，解开火山爆发之谜。

当人们观察一个地球仪时，很可能会轻易地把大陆和海洋看成是地球表面永恒不变的东西。科学家认为产生这种看法的原因是由于人生短促而造成的一种错觉。实际上，地球的刚性外层，即岩石圈的块体一直动来动去。它在洋中脊处分开，在断层处滑动，并在某些大洋的边缘相撞。从整体上来看，这些运动引起了大陆漂移并决定了地震和火山喷发在全球的分布情况。尽管板块理论揭示了许多广泛的地质现象，但驱动岩石板块运动

火山喷发

的动力仍蔑视对它进行的简单分析。科学家应用一台超大功能的超级电子计算机，模拟了地球内部深处的各种条件。他们看到的地球内部世界就像一个沸腾着的大锅，永不休止地翻腾着，并试图散发着内部热量。大片冷却的岩石破裂脱落，缓慢陷入炽热的内部。地球形成时所留下的热能以及放射性元素衰变施放出的能量，不停地搅动着地球内部的物质。热量穿过地球内部的界面并启动了巨大的对流流动。这种流动将热区向上传送，炽热的熔岩柱上升，当其接近地表时，像蘑菇云一样扩展。这种过程最终导致了地球表面上许多广泛的地质现象，例如造山活动、火山活动和大陆运动。在地球表面上识别火山活动的标志是考察玄武岩。长期以来，科学家主要根据地震学方法推测，形成这种岩石的玄武岩质是在地下 100 千米的上地幔部分熔融带内生成的。这种深度上半熔融岩石，其密度比周围地幔物质要小。因此，它会以岩浆团的形式缓慢向上移动，当其上升时，其底部压力降低，从而导致更多的物质熔融。上升的物质有助于造成较浅部分的岩浆库或是补给的岩浆柱。这就是火山活动的直接来源。

火山研究表明，火山密度的空间分布是不均匀的。除大洋中脊上生成的孤立火山外，还有大量板内火山，即在一块构造板块内部本身而不是两个板块之间的边界上产生的火山。根据科学家提出的热点理论，当构造板

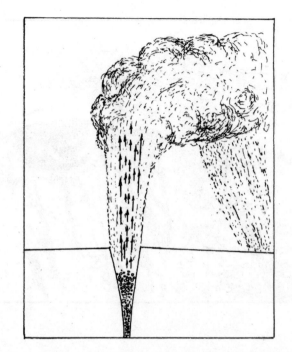

火山喷发示意图

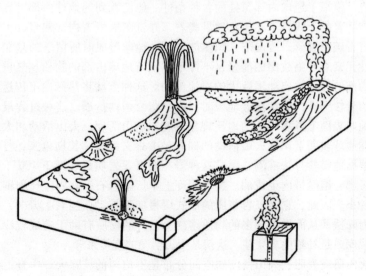

火山喷发模型

块在上地幔中的熔融带上运动且热的地幔物质上涌到地表时，便能发育成板内火山。通常，火山喷发出现在三种构造环境中，每种环境的火山喷发特征明显不同。一般沿两个构造板块汇聚的削减带，有"火环"型火山发生。这种火山的喷发特征往往是爆发式的。发生在两个板块离散处的裂谷型火山，它们的喷发，特别是深海底的喷发，更多的是溢流式的。而浅海或通过大陆地壳喷发的裂谷型火山，则可能是爆发型的。穿透构造板块的热点型火山，若发生在大洋地壳内一般是溢流式的，若发生在大陆地壳区则是爆发式的。下面我们简略介绍一下火山的喷发机理。科学家知道，控制火山爆发性的关键因素，是岩浆的粘度、溶解在岩浆中的气体量、喷发区附近的地下水量以及地表压力。火山喷发是由于岩浆中的气体或与岩浆紧密接触的气体迅速膨胀所引起的，这时像炸弹那样，并无能量逸出。更恰当的比喻是蒸气锅炉的爆炸，粘度类似于锅炉的强度，粘性越高，爆炸可能就越大。岩浆中的气体或与岩浆接触的气体的有效利用率，可与锅炉的容积相比；岩浆中的气体压力和周围压力的差，可与锅炉壁内外的压力差相比。蒸气是一种主要的岩浆气体，但在火山爆发中二氧化碳也是非常重要的。

　　我们了解了火山活动的特征、形成与喷发机理，那么，火山爆发能不能预报呢？相对说来，预报火山爆发要比预报大地震容易得多。因为一般火山喷发前常有小震群活动，地震波信号可以表明岩浆向地表下几千米的岩浆囊运动，地震波中的横波不能通过液体。岩浆囊的空间位置可以根据地球重力场的局部异常来确定，岩浆的密度比固结的地壳岩石密度要低。地壳动态变化的另一个标志是局部地形在火山爆发前有上升趋势，特别是其膨胀速率增大，利用常规的测量技术就能很容易地指示出这种变化。应当指出，也许这对预测破火山口的复活非常有效。探测火山爆发，观察火山地震活动是非常重要的。很多火山爆发前，常伴有小震群发生，这些地震的深度都是比较浅的。圣海伦斯火山爆发对预报技术提供了一个良好的检查事例。但这种预报是否成功并非靠单一因素。这些因素中有历史时期的统计资料，以及根据地质制图和年龄测定结果来复原史前时期喷发的统计数据；所涉及的地球物理方法，包括分析活动和可能活动的火山、地震、地表形变、磁场和电场以及温度进行监测。地球化学方法包括监测火山喷发出的气体、液体和固体的体积与成分。有时，尽管科学家观测到这些变化，仍不能准确预报火山的爆发。特别是小震群的活动高潮，并不在爆发的这一天，而且有时没有任何异常，而喷发却发生了，从而导致了科学家

的错报和误报。可见问题并不那么简单。

随着科学的发展，技术的不断进步，21世纪的科学家会准确地知道火山爆发的具体时间。不过到了那时，预测火山爆发与地震活动再不是主要目的，科学家的主要目的将是思考如何开发并利用热水、蒸气和深成岩体的热岩右等许多潜在能源造福于人类！

地球磁场来自哪里？

我们中华民族有着光辉灿烂的历史。在人造卫星上能看见地球上的建筑物只有我们中国的万里长城和埃及的金字塔。另外，我们祖先的四大发明给人类作出了巨大的贡献。其中指南针的应用，极大地促进了诸如航海业的大发展，继而才有哥伦布发现新大陆……

为什么指南针能指明方向呢？这是因为存在地球磁场（简称地磁场）。我们都知道，在电流的周围存在着磁场。有个物理实验是这样的，在垂直电流流过的导线的某一平板上撒上一些铁屑，用手轻轻敲敲这平板，铁屑就会有规律地排列，形成一些同心圆。这就是电流的周围存在磁场的实验，这些同心圆指示着磁力线的轨迹。磁针放到磁场中，就会顺着磁力线的方向偏转。地磁场大体上相当于在地球的南北地理极附近分别存在磁的北极、南极，即 N 极、S 极。指南针本身也有 N 极、S 极，根据同性相斥、异性相吸的原理，自然它就会指向地球的南极（或北极）了。

电流的周围存在着磁场，换句话说，该磁场来源于电场。地球这么一个庞然大物，在如此大的空间存在着磁场，这地磁场是从哪里来的呢？你可知道，这个称之为地磁场的来源问题，正是世界著名的科学家爱因斯坦所说的几大科学谜之一呢！

从很早很早起，人们就思考着地磁场来自何方这一问题。但是，因为它与地球演化、地球内部的能量和运动以及其他天体磁场的来源密切相关，至今尚无圆满的答案。

我们曾提及过，在近地表面地磁场可以近似为一偶极子磁场，而由一均匀磁铁产生的磁场就是一偶极场。由此不难想像，最早的地磁场成因的假说（所谓假说，就是人们提出的一种设想，具有一定的道理，但未能得到证明）就是设想地球内部是一块均匀磁化的大磁铁。可惜后来发现，地球内部的温度太高，远远超过了铁的居里点（温度超过了某一值后，铁磁性物质就失去了铁磁性。这一现象是科学家居里首先发现的，所以后人就称此温度为居里点）。这就是说地球内部不可能存在磁铁，这种假说就被否定了。

还有许多其他的假说，在此就不一一介绍了。我们只着重介绍一种最有希望的假说，这就是发电机理论的假说。它认为地磁场主要来源于地核中的电流。

首先，我们来看看地球的内部构造。地球就像是一个煮熟了的鸡蛋，相当于蛋黄的部分为地核，相当于蛋白的部分为地幔，而相当于蛋壳的部分就是那薄薄的一层地壳。地球的平均半径为 6 370 千米，地壳最厚处才数十千米，地壳底部到 2 900 千米深处为地幔，地幔底部到地球中心则为地核。而地核又分为两层：外层为液态，称外核；内层为固态，称内核。根据对地震波的研究结果，可知液体外核的平均密度为10.7 克/厘米^3。这样高密度的物质只能是重金属。地表最多的重金属就是铁，因此人们一般认为外核是由类似铁那样的重金属所构成。

地磁场成因的最新假说是发电机理论。它的基本物理过程如下：地球本身的自转使外核中融化的铁质物质形成由西向东转的旋涡；假设在地球的形成过程中或多或少地会残留下一微弱的磁场，液核中的导电流体流动，切割磁力线就会产生电场；而这感生电场又会产生磁场；产生的磁场又加强了原始的微弱磁场。这样的过程最后达到平衡。这就形成了我们在地球表面观测到的磁场的主要部分。

地中心熔融镍—铁核心物质的运动产生了电流，然后再由这电流产生磁力线。虚线代表地球的磁场。

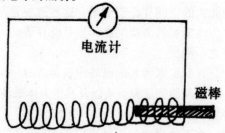

法拉第电磁感应实验之一
当磁棒在线圈中移入、移出时，由于导线切割磁力线而在线圈中产生了电流

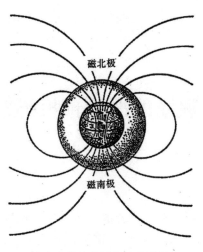

磁北极

磁南极

艾沙塞的地球磁场产生理论

在这里我们强调说这是磁场的主要部分，意思是占地磁场整体99%还要多的部分来源于地球内部，而这剩下的一极小部分来自地球外部。简单地说，大气由于太阳的光辐射而被电离，部分中性原子分解为正离子和电子，从而形成所谓的电离层。由于太阳、月亮的潮汐作用以及压力、温度的变化，电离层将产生以水平方向为主的运动。与上面所提到的在地核中发生的过程相类似，这种运动与地磁场相互作用也会产生涡电流，这些电流又会产生磁场叠加到原来的地磁场上。这一部分只占整体的百分之几甚至千分之几。

随着科学的发展，计算机技术的更新换代，证明地磁场发电机理论的大量计算会得出更加令人信服的结果来。另外，随着整个地学的大发展，对地球内部物质结构、物理性质的更进一步的了解，尤其是在对核动力学的研究取得重大突破的基础上，将会进一步丰富发电机理论这一假说。结合航天科学的大发展，太阳及其某些行星磁场起源研究的进展，发电机理论将为人们所广泛接受。

小朋友们，等你们长大的时候，地球磁场从哪里来的圆满理论，也许就在你们的手里完成了。

磁暴能准确预报吗？

你们知道什么叫磁暴吗？磁暴的"暴"字与风暴的"暴"字意义一样，在英文中都是同一个"storm"。磁暴就是指全球范围内地磁场受太阳活动的强烈干扰所发生的剧烈变化。所以，我们要讨论磁暴，首先还得从太阳说起。

"万物生长靠太阳"。这话一点也不假，是太阳，还有空气和水给了我们生命。太阳对我们来说实在是太重要了。早晨，红彤彤的太阳冉冉升起，"我们每天起得早，起来就要做早操"。可是，大家都明白太阳上面天天在发生什么事情吗？

整体上说，太阳是一颗对称的、均匀地向四面八方辐射的稳定恒星，然而实际上在太阳表面的局部区域经常会发生一些"事件"。例如在它的低层大气（光球层）出现黑子和光斑，在它的高层大气（色球层和日冕层）出现日珥和谱斑，有时发生耀斑。上述的各种太阳活动现象倾向于集中出现在以黑子为中心的局部区域中（称为太阳活动区）。因此，一般来说，当黑子群和黑子较多时，其他各种活动现象也较多。或者说，我们可以用黑子群和黑子数目来衡量太阳活动的平均水平。

和地球一样，太阳也有自己的磁场。太阳磁场强度大约为地磁场的两三倍。在局部地区，即所谓黑子区，强度约为地磁场的数千倍。所谓太阳黑子实际上是太阳内部的磁力线出来又进去的地方。由于温度相对其他处低些，在地表我们看到的就是一个个黑点，"黑子"这个名称也就因此而得的。黑子是成双出现的，它们在太阳表面的运动也有一定的规律。许多年来科学家们的研究结果表明，太阳黑子活动呈周期性，如主要的 11 年周期以及双 11 年即 22 年周期等。

太阳光球上除了有黑子活动，还有光斑活动。光斑与黑子正相反，呈

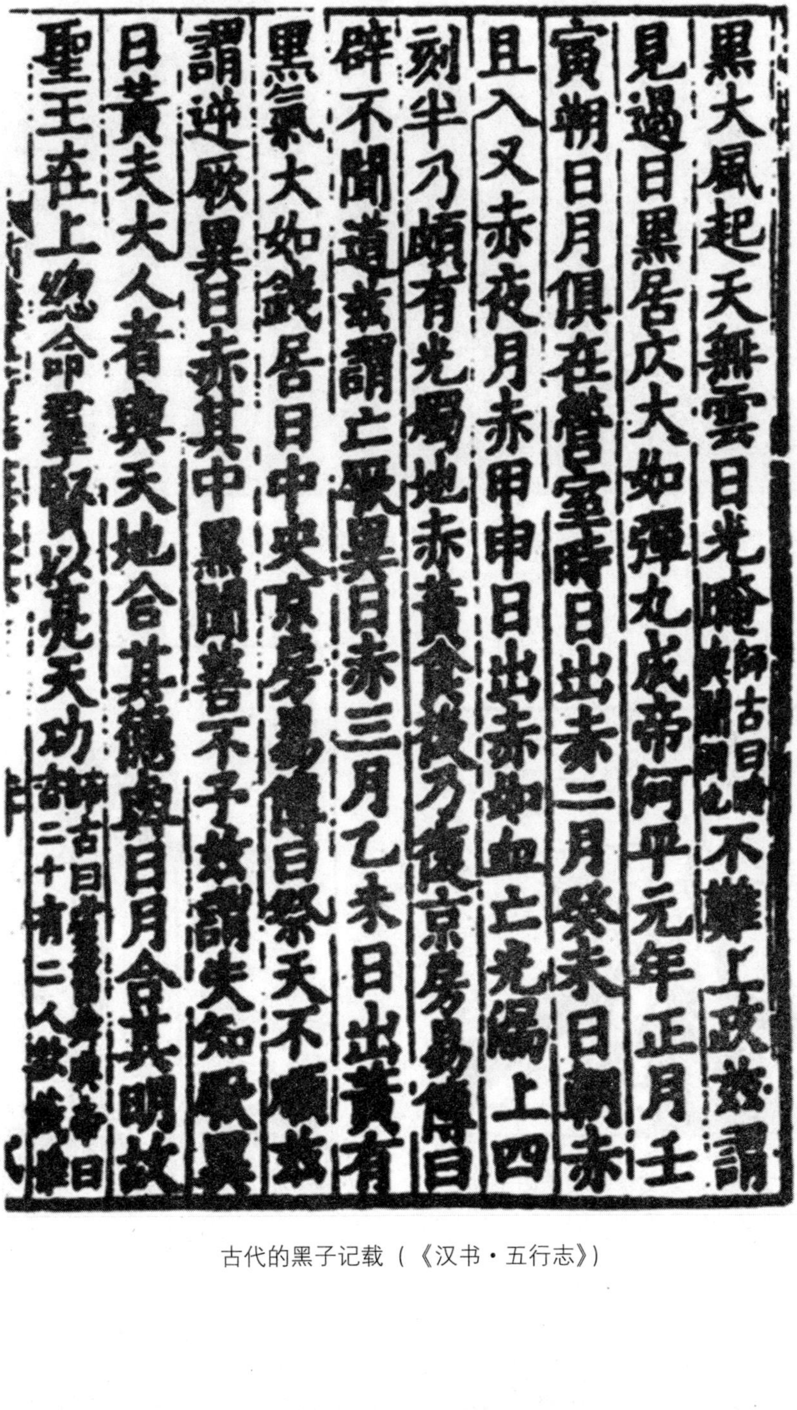

聖王在上總命靈臺以其尾天功韶二十有二人歌

日黃夫人者奧天地合其德與目月合其明故

謂逆感異目赤其中黑聞善不于故謝失知感異

黑氣大如錢居日中央京房易傳曰房易傳曰

辟不聞道感謂之感異目赤三月乙未日出黃有

剥半乃頗有光燭地赤黃食後乃復京房易傳曰

且入又赤夜月赤甲申日出赤帅血上光燭上四

寅朔日月俱在營室時日出赤二月癸未日朝赤

見過日黑居厄大如彈丸戊帝河平元年正月壬

黑大風起天霜雲日光晻師古曰晻不輝上政惢謂

古代的黑子记载（《汉书·五行志》）

63

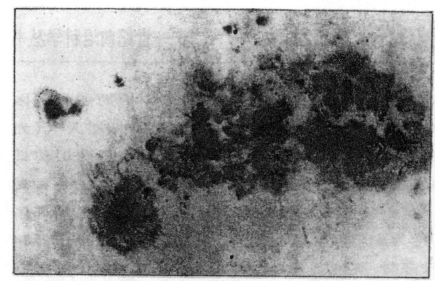

肉眼直接看到过的特大黑子群（云南天文台，1970 年 11 月 7 日）

北京天文台怀柔太阳
观测站望远镜

南京大学太阳塔

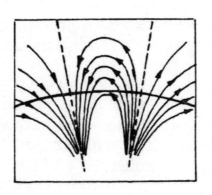

双极黑子的磁力线分布示意图

比较明亮的斑纹，它们的活动也很有规律。

在太阳光球的上空（即色球层和日冕层），最猛烈的太阳活动通常称之为耀斑。它们是从色球谱斑中突然发展起来的，因此又称做色球爆发现象。它们距离黑子不超过1 000千米，通常观测到它们出现在本影的上空或黑子近处。与黑子活动一样，耀斑也有一定的活动规律，例如在日面上的分布与黑子分布相符合，也具有东西不对称性。

20世纪60年代以来，通过多种空间探测器的观测，发现了太阳风和地球的磁层。所谓太阳风，其实就是指日冕不断膨胀，大量的等离子体向外喷发出来所形成的等离子流。太阳风的粒子是良导体，它会带着太阳的磁场跑，在行星际空间纵横驰骋。太阳磁场和太阳风包围了整个地球，把地磁场的磁力线限制在一个小环围内，这就是磁层。

太阳上的活动极显著地影响着地球磁场。打个比方说，太阳一打喷嚏，地球就要感冒。太阳活动引起地磁场的扰动，其中强烈的那些就称为磁暴。或者说，磁暴是太阳风与地磁场相互作用的结果。早在上世纪就已经发现，太阳黑子群或大黑子经过日面中央子午线时，几乎总是有磁暴及其伴生的极光。所谓极光，是指发生在地球两极上空附近的"彩色飘带"。在地球的高纬地区，常可见到极光；历史上曾有一次强极光，在我国的长沙都曾见过。

耀斑是太阳活动影响地球磁场的最重要现象。它的种类繁多，除可见光外，还有紫外线、红外线、X射线、Y射线、射电流、高能粒子流甚至宇宙射线。当这些增强的射线分别抵达地球附近时，就会引起磁暴、极光和电离层骚动。

太阳活动剧烈，地磁场发生磁暴时，对人类活动将产生极大影响。例如引起地面短波通讯受干扰甚至中断，高能粒子对于载人宇宙飞船也是个威胁，一些病人的病情加重，等等。所以实现对磁暴的预报具有很大的必要性。

预报磁暴是可能的。我们知道，磁暴是太阳活动所引起的，而太阳活动是有一定规律的。例如黑子群和黑子数目代表太阳活动的平均水平。太阳黑子有 11 年周期的变化，而且最近一些年还发现这种周期有所缩短。太阳与地球一样，也自转，不过太阳的自转周期为 27 天。研究结果已经证明，磁暴亦有 27 天重现性，这明显地是由太阳自转所引起。磁暴的频次随着太阳活动也有明显的 11 年变化，在太阳活动的高年磁暴频次增多。国际上曾规定从 1755 年极小年起算太阳活动周。我们现在正处在从 1986 年开始的太阳活动第 22 周，1990 年是第 22 周的极大年。

有规律性的事件一旦被人类所认识，就可对它的未来做出预报。当然，要想实现对磁暴的预报，还得深入全面地研究太阳活动的规律性，深入研究太阳活动对地磁场扰动的规律性，这些都是属于日地物理的范畴。随着科学的发展，完全成功地预报磁暴将变成现实。

两极资源造福人类

地球的最南端是南极洲。通常，人们把南纬 66°33′ 以南的地区称南极区，把南纬 60° 以南的地方称南极洲。南极洲是世界七大洲之一。

南极洲的总面积为 139.42 万平方千米，约占世界大陆面积的 1/7。南极岩石基底上覆盖巨大的冰冠。南极洲拥有巨大的自然资源。

银光闪闪、千里冰封的南极，是世界最巨大的冰库。南极洲平均气温为 -25℃，除南极半岛外，南极暖季（每年 9 月 21 日至次年 3 月 21 日）

南极概况

有昼无夜，最暖月份的平均温度在沿岸区约为 0℃，在内陆区为 –34℃ 至 –20℃。南极寒季（每年 3 月 22 日至 9 月 20 日）有夜无昼，最冷月份的平均气温在沿岸为 –30℃ 至 –20℃，内陆区域为 –70℃ 至 –40℃。因此，南极冰层覆盖的南极洲面积为 94%，构成了全世界最大的制冰厂。南极洲冰层平均厚度为 1 880 米，有的地方厚度达 4 200 米。

世界上有 70% 的淡水和 89% 的冰集中在南极。南极每年结的冰可达 1 200 立方千米。南极洲现已积存的冰总量达到 3 000 万立方千米。如果南极冰层全部融化，世界海面大约会上升 550 米。如果把这些冰化成水，全世界的人口要 4 万年才能饮完。

南极海面上的大冰群被称为冰棚。冰棚是人类有实用价值的水源。南极冰冠边缘有很大面积的陆缘冰。其中最大的为罗斯陆缘冰，它的面积为 538 450 平方千米，冰厚 150～335 米。罗斯陆缘冰以每年 1240 米的平均速率向海洋方向移动。据统计，南极陆缘冰总数有 300 多个，总面积为 158.8 万多平方千米，陆缘冰所构成的海岸线长约 1 万千米，占南极海岸线总长的一半以上。南极周围海洋漂着许多浮冰，漂浮远至数千千米，向北可达南纬 50° 以外。这些浮冰也称冰山。在南极外围，大约有 22 万座冰山，平均每座冰山重 10 万吨。据统计，南极冰山的总面积有 3 400 多万平方千米，

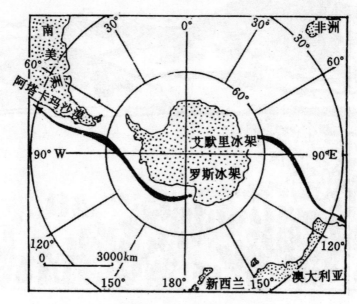

从南极拖运冰山的路线示意图

体积达 18 万立方千米。冰山的平均寿命约为 13 年。离南极海岸愈近的地方，海面冰山愈多。迄今发现的最大的海上浮动冰山面积为 2.6 平方千米，高 40 多米。

地球上有 13 亿多立方千米的水，97% 以上在海洋里；咸水，不适合饮用和灌溉。仅剩下的 3% 淡水中，3/4 又存在于大冰块中，而大多数的冰块就在南极。因此，南极洲的陆缘冰是人类宝贵的淡水资源。

现代社会的高速发展和人类的进步，对淡水的需要越来越多，南极冰块就日益显示出重要性。把经过卫星筛选出的南极冰块用现代技术和先进的搬运工具拖到非洲、大洋洲和美洲，用来灌溉土地，提供工业和饮用水，在经济上比淡化海水要合算，是未来人类开发使用淡水的一条切实可行的途径。

南极洲的生物资源十分丰富。南极周围的水域是世界上海洋生物最丰富的地区。沉向海底的冷水流把营养物质翻上来，成为海洋生物最丰富的食物。因此，那些靠海洋冰川生活的海豹、企鹅和生活在冰下水中的鱼类，成为人类饮食单上的美味佳肴。

在南极海域发现的海豹有 6 种之多。其中，锯齿海豹就有 3 000 万多只。最大的海豹称海象，它体长 3 ~ 6 米，重达 6 000 千克。海豹的皮毛、脂油和食肉价值巨大且具有特色。

企鹅是南极洲的著名动物之一。它善良、乖巧，体内油脂丰富，这是它能在如此寒冷的气候条件下健康生活并大量繁殖的武器之一。它体内的新陈代谢作用也是人类渴望揭开的许多谜中的一个。

南极是世界上产鲸最多的地方。在过去半个多世纪中，世界鲸产量的绝大部分都出自南极。南极常见的鲸鱼有蓝鲸、鲱鲸、抹香鲸、逆戟鲸、子持鲸等。其中蓝鲸较大，体长 30 ~ 35 米，体重达 150 吨。由于鲸鱼油富于脂肪，人们可以用来制造奶油、肥皂和润滑油等，鲸鱼肉可作食品和制造人造纤维，鲸骨粉可作肥料，鲸鱼肝可提炼出维生素 A 和 D。

磷虾是南极的另一类生物资源。磷虾是生活在近海及远洋的一种糠虾类的总称。在全部 80 多种磷虾中，南极约有 8 种。南极磷虾个体一般长 3~7 厘米，重 0.6 ~ 1.5 克，成长期 3 年左右。南极磷虾含有高蛋白质、大量的维生素 B 和许多氨基酸，其营养价值高于牛肉、对虾及一般鱼类、贝类。有人估计，南极磷虾的蕴藏量有几十亿吨，是世界未来的食品库。

这里，我们要说，至关重要的是，南极这些宝贵的生物资源，人类只有有计划地开发和利用，才会最终造福于我们。否则，为眼前的利益所驱

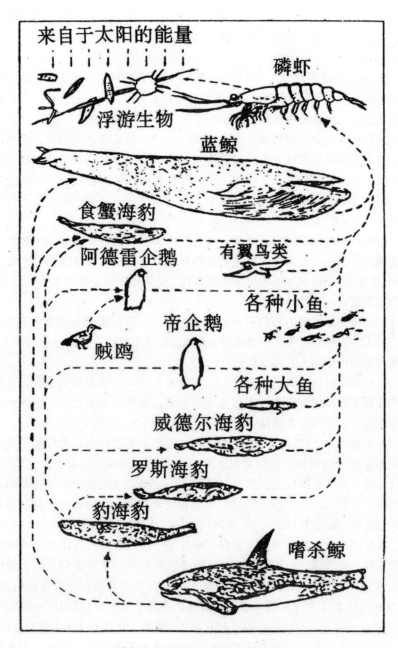

来自于太阳的能量

磷虾

浮游生物

蓝鲸

食蟹海豹

阿德雷企鹅

有翼鸟类

各种小鱼

帝企鹅

贼鸥

各种大鱼

威德尔海豹

罗斯海豹

豹海豹

嗜杀鲸

磷虾在南太平洋生物链中的重要作用

动，狂捕滥杀，破坏生态平衡，人类自己会自食其果的。可以肯定的是，聪明的人类决不会再干这种傻事了。

南极洲的矿产资源也十分丰富。现已查明的矿床有铁、煤、石油、天然气等120余种。

南极铁矿最为丰富。在南极的查尔斯王子山脉，就有一个绵延200千米、厚度为100米的大铁矿脉，其含铁量为35%～38%。这些铁矿石够全世界开采和使用200年。类似的铁矿山，在南极的另外地区也有发现。

南极杜菲克山脉含有丰富白金、镍、铜、铬等矿产。这个富含金属矿物的地层，有6 500米厚，绵延约33 000平方千米。

南极的煤含量也极为丰富，有人估计有5亿吨。面积达100万平方千米的南维多利亚地区是世界上最大的煤田。

南极地下蕴藏有大量的石油和天然气。有人乐观地估计，南极的石油储量为数百亿桶，天然气的储量为28 300亿立方米。

此外，南极还有其他金属和非金属矿藏，这些都是人类生活十分需要的。特别在人类对目前所使用的资源开始感到有限和短缺，并为此十分忧虑的时候，南极的巨大资源就像仁慈的大自然为人类的生存准备了一个备用仓库，正等待着不久的将来我们去开发利用呢！当然，前面说过，这种开发利用必须是有计划的、注意大自然综合平衡的、能为人类长远利益服务的。

由于南极的自然条件十分险恶，南极资源的开发利用会遇到特殊的困难和阻力，而这些正好是对人类智慧的挑战。

北极地区是指北纬66°33′分以内的地区。该地区包括极区北冰洋、边缘陆地与岛屿、北极苔原带和泰加林带，总面积为2 100万平方千米，其中陆地近800万平方千米。北极地区有居民700多万人，与南极地区的无人居住形成鲜明对照。

北极地区蕴藏着丰富的油气和煤、铁资源，可望成为21世纪世界重要的能源基地。

南极与北极，都是科学考察和科学研究的理想天堂。在与人类的生存和发展有关的重要问题上，如全球气候变化的研究、全球环境的研究、地球资源的研究等等，两极地区都具有独特的价值。

因此，我们可以毫不夸张地说，两极的资源极为丰富，两极地区的综合价值极高。人类在生存和发展中，将会充分利用两极的特殊地位和价值来为自己造福。

从地球深部找油

石油是以液态形式存在于地下岩石孔隙中的可燃有机矿产，其化学成分以烃类为主。众所周知，它是人类日常生活的主要能源之一。由于石油的热值高、比重低、燃烧充分、污染较轻，因此具有流动性、可通过管道运输等优点，在国民经济中有着极其重要的地位。在工业上，石油被誉为工业的"血液"。如果没有石油，工业和交通运输必将陷于瘫痪。同时，石油还是珍贵的化工原料，生产化肥和农药也都离不开石油。总之，在实现我国四个现代化和提高人民的物质生活水平方面，石油都起着非常重要的作用。

目前世界上有近百个国家在进行着石油的勘探和开发。关于地球上的石油储量，除已经从地下采出的600多亿吨外，现有探明的储量约900亿吨。据估计，有待发现的储量约有1 500亿~2 000亿吨。然而，由于勘探的难度越来越大，储量的增加将是缓慢的。如以每年采油30亿吨计算，30多年后石油的储量将明显面临枯竭的危机。为此，人类还必须考虑从地球深部去寻找石油。然而，地球深部是否存在石油，人们的看法不一致。这涉及到对石油成因的认识问题。

石油的成因是一个长期争论的基本理论问题。由于石油和天然气是流体，其产出地与生成地往往不一致，更使石油成因的研究变得复杂和困难。人类在长期寻找、勘探和研究油气的基础上，提出了多种假说，其中主要是无机成因说和有机成因说两种。18世纪中叶，俄国科学家罗蒙诺索夫曾提出蒸馏说，认为石油是煤在地下经受高温蒸馏的产物。这是最早的有机成因说。

无机成因说大致可归纳为两类：一类是地球深处成因说，认为烃类形成于地球深处；另一类是宇宙成因说，认为烃类早在地球形成的宇宙阶段即已存在。无机学说的主要依据是：①在实验室中，从无机物制得了烃类，如俄国化学家门捷列夫用盐酸加在含锰生铁上获得烃类。②天体的光谱分析表明有碳、氢和烃类存在。③火山喷出气体和熔岩流中含有烃类。④陨石中鉴定出烃类。尽管这些依据都是事实，但当时无机成因论的研究脱离了地质条件来讨论石油的成因，而且将宇宙中发现的简单烃与地球上组成复杂的石油等同起来。

有机成因说的主要依据是：①世界上90%以上的石油产于沉积岩区，而与沉积岩无关的大片岩浆岩、变质岩区没有产出石油，产出少量工业油流的岩浆岩、变质岩都与沉积岩毗邻；②介壳灰岩及其晶洞和泥岩中的砂岩透镜体这些封闭空间中所含的石油，只能来源于沉积岩中有机质；③天然石油普遍具有旋光性；④石油中先后鉴定出很多与活生物体有关的生物标记化合物；⑤石油烃类与生物体中类脂物、沉积有机质在元素组成、化学成分及结构上都存在着相似性和连续性。实验室中模拟地下条件，从多种有机质中获得了烃类。总之，石油的有机成因说考虑了石油的生成和产出的地质条件，并深入对比了石油及有机质的组成特征，所提出的干酪根热降解成油的理论，基本能说明石油生成的众多现象，并在石油勘探实践中取得了显著的成果。100多年来在有机成因说的影响下，人们已发现了成千上万个油田。

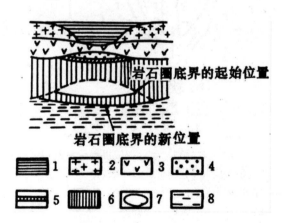

在往日结晶地块地区形成的"无花岗岩"盆地的模型
1～3. 地层　1. 沉积层　2. "花岗岩层"　3. "玄武岩层"
4. 石榴白粒岩　5. 榴辉岩　6. 岩石圈内的地幔
7. 圈闭内的冷地幔　8. 软流圈

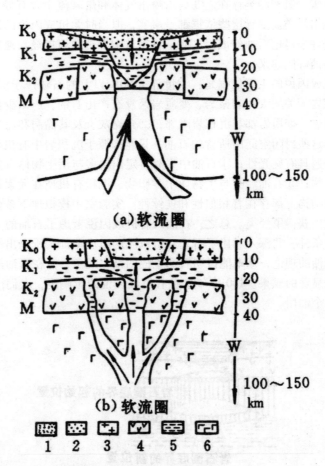

"无花岗岩"盆地形成机制示意图

1. 不稳定的沉积岩层（V 层 = 3.0 ~ 3.5km/s）

2. 裂谷型的沉积火山岩套（V 层 = 4.7 ~ 5.4km/s）

3. 花岗片麻岩套（V 层：5.8 ~ 6.3km/s）

4. 粒变基性岩套（V 层 = 6.9 ~ 7.2km/s）

5. 蛇纹岩化的超基性岩层（V 层 = 6.5 ~ 6.8km/s）

6. 上地幔（V 层 = 8.0 ~ 8.5km/s）

从世界范围看，裂谷型盆地一般是油气生成和聚集的有利地区，许多大型油气田都在含有巨厚的中、新生代沉积盆地内，同时又处于上地幔顶部的隆起地带，如北海、红海、加利福尼亚湾、墨西哥湾、洛矶山脉中的新生代含油盆地等，其中墨西哥湾盆地内新生代沉积厚度达 4.6～13 千米。我国东部陆缘地带存在一串裂谷型盆地，如大庆、下辽河、渤海、大港、胜利等油田所在的松辽盆地和华北盆地，都有巨厚的中、新生代沉积，而且盆地下方均为上地幔顶部的局部隆起。这些地区具有油气生成、迁移和保持的良好条件，被认为是具有油气前景的地区。

前苏联学者还提出了"无花岗岩"含油盆地的新观点。他们根据在全球范围内所发表的地质和地球物理资料，总结出一条重要的规律，即巨大的油气储藏通常出现在巨厚的沉积盆地之内，而且是地壳属于"无花岗岩"型的地区。例如波斯湾盆地、墨西哥湾盆地、滨里海盆地、西西伯利亚盆地、黑海盆地等。这一类型盆地的特点是，在充满巨厚沉积岩层的深部固结地壳坳陷的下方，莫霍界面隆起，因而地壳总厚度在减小，其中花岗岩套的厚度减小，或者完全消失。同时，"无花岗岩"地壳的层速度比一般地区地壳的层速度大得多，但又比玄武岩层的层速度偏小。莫霍界面的地震波速度呈负异常，速度异常值通常超过 5%～7%。另外，在莫霍界面的下方纵波速度不超过 8.0 千米/秒。关于"无花岗岩"盆地的形成机制，有些人认为，"无花岗岩"盆地是由于大陆地壳的力学伸张形成的构造，而这种伸张是因为地幔的物质上涌所引起的。

然而，有机成因说并未达到尽善尽美的地步。近年来，一系列的新发现（未成热油的大量发现，超深液态烃的发现，无机成因天然气的普遍存在）提醒人们，石油成因理论中仍有许多问题未解决。无机成因说把石油的生成同地下深处的化学过程相联系，这正是人们认识中的薄弱环节。他们重视深大断裂的作用，认为它是沟通深处与表层的通道，石油正是在深处发源的；并认为石油直到今天仍在不断积蓄之中，它的蕴藏量几乎是取之不尽的。当然，这些认识是否真有道理，还要依据地球深部的构造来下结论。无论从哪种成因说出发，地球深部对于石油的进一步开发是关键的。因此，必须重视对地球深部与含油构造之间关系的研究，也许这些研究能够最终解决人类面临石油储量枯竭的问题。

全球在变暖吗？

少年朋友们，你们是不是已经觉察到我们居住的地球在变暖呢？似乎现在的冬天不像以前那样冷了。的确，我也觉得现在的气候是比以前我小时候暖和多了。你们知道全球变暖会给人类带来什么影响吗？

首先让我们看看全球变暖的科学依据是什么。在过去一个世纪中，大气的平均温度已增长了0.5℃之多。保存下来的空气样品和其他数据表明，在此期间能吸收地球热量的气体含量也升高了。尤其是大气中的二氧化碳上升了20%之多，甲烷含量几乎增长了1倍。红外吸收物质的含量增多，致使地表吸收更多的辐射，从而使其温度上升。此外，地表发射的辐射或多或少地散逸到太空，使得地球贮存的热能增加。因此，红外吸收物质有助于使地球增温。习惯上，科学家把大气在地球增温过程中所起的作用称温室效应。有关温室效应的科学证据表明，若是导致温室效应气体（如二氧化碳、甲烷、氧化氮和氯氟烃等）的释放量继续增加下去，全球气候就可能缓慢而显著地变暖。最近，气象学家通过研究水蒸气含量的上升现象提出了全球变暖的可能。从1981年到1994年间大气水蒸气含量记录的最新分析结果表明，大气同温层中水蒸气含量有明显的增加。大气中水蒸气含量的变化，对于短期天气和中长期气候变化都会产生很大影响。

实际上，全球变暖证据中最有说服力的应该说是来自地下的温度记录。科学家根据大陆岩石的钻孔记录给出了有关过去地表温度的变化，因为大气中二氧化碳增高现象的存在，可以记录在岩石和冰岩芯中。另外，近代气候史可以从不同深度处的地下温度得出。尽管目前只在从地表以下150米内才能观测到气候变暖的趋势，但这种温度可以在长时间内稳定、持久地反映出本世纪全球变暖现象，且与地表的当前状态无关。

科学家发现某些地下钻孔温度的测量结果与地表气象资料的综合结果

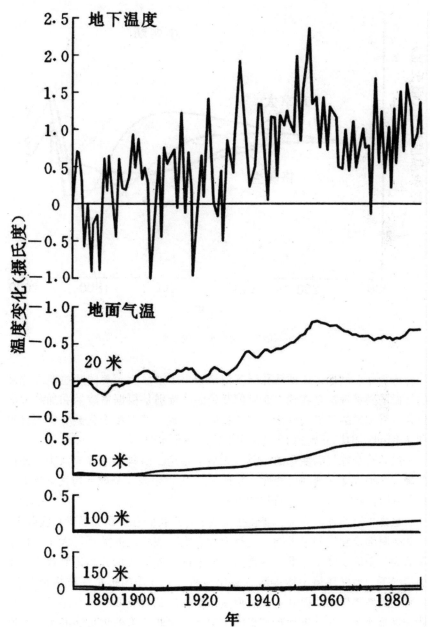

地温的变化

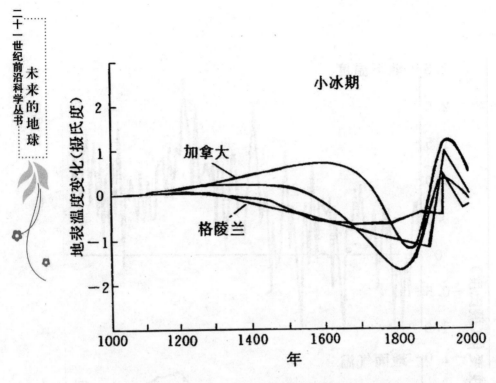

地表温度随时间的变化

吻合得很好。例如，这种钻孔温度记录给出了加拿大、美国阿拉斯加北部的气候的变暖现象是在约100年前开始的。特别是根据格陵兰和加拿大的钻孔资料重建的长期气候变化，不仅表示出现行的温度变化趋势，而且得到从15世纪中期开始到19世纪中期结束的小冰期。

虽然对全球气温变化的预测尚无最后定论，但科学家普遍认为，地球的确有某种程度变暖的可能性，并且预报21世纪内，全球平均气温将上升3℃，而且高纬区增温将达到5℃。

也许少年朋友们会说，变暖就变暖吧，跟我们有什么关系呀！实际上，全球变暖涉及到气圈、水圈、生物圈和人类，和我们的关系可大了。科学家认为，全球变暖不是推动就是阻碍农业的发展。在水分和光照都很充足的情况下，大气环境中增多的二氧化碳通过光合作用被某些植物吸收后，就可起到增肥作用而促其生长。但是，这种施肥效应取决于生态系统中的营养供给情况。在二氧化碳富集的情况下，除非加给植物足够的水分和肥料，否则任何一种植物的生物量都难以增加。此外，变暖效应可使生长季节为时短暂的寒冷地区的无霜期延长，在一定条件下有利于这些地区农业的发展。还有，暖空气存留更多的水蒸气，因而会增强蒸发作用，导致降雨量增多。这样，因气候干旱土地干燥的地区，得益于湿润的气候，促进农业发展。但是，对本来降雨量就多的热带和亚热带地区的农业发展，这种效应将起到阻碍作用。因为这些地区某些粮食作物已接近耐热极限，有些粮食作物需要有较低的冬季气温才会开花，冬季气温增高会使温带地区农作物的生长期延长，从而导致减产。特别是全球变暖将会使世界洋面暖水猛烈上涨，极地覆冰融化。海平面的上升将会使低洼耕地被海水吞没，并使沿海地区地下水含盐度增高。

空气中二氧化碳的增高也会极大地改变生态系统的结构与功能。这些变化未必有利于植物的生长。许多碳四（C_4）植物，如玉米、高粱和甘蔗等，它们都已具有能够降低光呼吸的生物化学手段和结构。这些植物在光呼吸方面失去的能量较少，具有较高的光合效率，不宜在二氧化碳富集的条件下生长。而碳三（C_3）植物在这种条件下，其生长情况要好于 C_4 植物。当各种植物一起生长于干燥、二氧化碳富集的条件下时，科学家发现，一种 C_3 禾草——牛尾草的生长超过了 C_4 植物石茅。同时，科学家将同种植物放在两种不同的条件下，观察其生长情况，结果发现处在高二氧化碳环境中的植物，其生长期明显变短，加速了植物的生长、开花与衰老。而二氧化碳富集的同样条件下，某些植物有减少的趋势，如玉米、甘蔗可能降低产量。由此，必将导致物种失去多样性，破坏生态系统的完整性。比如，食草昆虫的生长及后代群体的大小都可能受到影响。给北美蝴蝶幼虫喂以生长于高二氧化碳环境下的芭蕉时，其发育缓慢并大量死亡。如果这种食草昆虫群体在二氧化碳富集的环境中遭到减缩，那么许多捕食昆虫的动物也会有所减少。科学家还发现全球变暖对珊瑚礁的影响也是灾难性的。

此外，全球变暖对环境也有很大影响。投射到地球上的大部分太阳能以红外辐射的形式又从地面辐射回去，但其大部分又被二氧化碳所吸收，使大气底层受热。因此，大气中二氧化碳的分压将会影响到气温、降雨量、风和冰盖的分布范围。气候的变化也会影响到粮食的产量。科学家预测，到 21 世纪 60 年代，世界粮食产量平均要下降 5％，而第三世界国家粮食产量的下降幅度还要大。相反，中、高纬地区发达国家的粮食产量略有增长。

面对全球变暖的到来，人类将采取哪些对策，迎接粮食减产和热逆境的挑战呢？首先，人类应尽可能降低二氧化碳等有害气体的排放量，植树造林，适当控制水土流失和砍伐森林以及防止水、土和空气的污染等，保持生态系统的自然环境，尽可能使生态系统维持在自然平衡态。其次为了

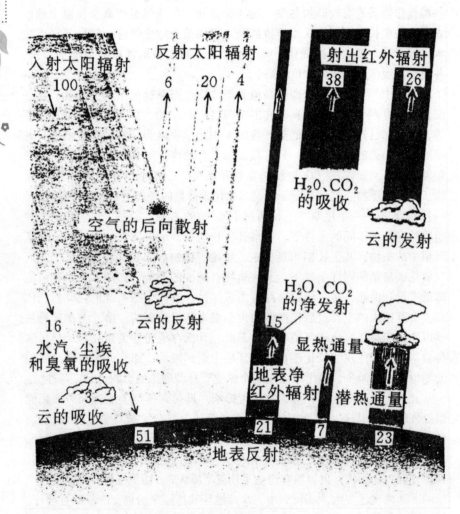

入射太阳辐射
100

反射太阳辐射
6　20　4

射出红外辐射
38　26

空气的后向散射

H_2O、CO_2
的吸收

云的发射

16
水汽、尘埃
和臭氧的吸收

云的反射

H_2O、CO_2
的净发射

15

显热通量

3
云的吸收

地表净
红外辐射

潜热通量

51　21　7　23
地表反射

全球变暖对环境的影响

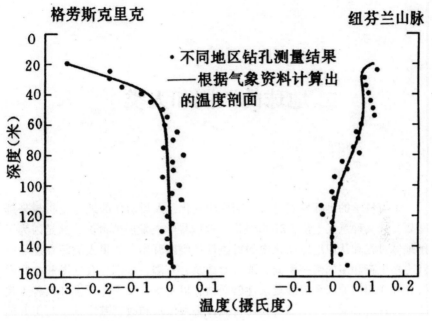

不同地区的地温

适应这种变化，特别要重视建立气候和环境的预报模型。大气的动力学活动主宰着地球所接受的太阳辐射的分配，追踪气候的过去，探索未来，使人类自身随时处于安全、稳定地自我保护状态，并增强各种突发灾害的抵御能力。

我们猜测，准确预测天气的问题，将在21世纪得到解决，因为目前还不能解决小尺度大气湍流现象和对流风暴造成的困难。我们相信，21世纪将是科技主宰一切的时代，许多重大科学问题将会有重大突破。人类自有对付全球变暖的能力，必将在更高层次和更美好的生态环境中生存与发展。

地球的四圈和人类

　　随着科学的迅猛发展及时间结构的变化，人类居住的地球变得越来越重要。从某种意义上讲，21世纪将是地球科学大发展的世纪，这是因为了解地球过程和认识地球演化史的可能性还刚刚开始。如果人类想在地质时代上多生存和多繁荣一瞬间，那么对涉及岩石圈、水圈、大气圈和生物圈等相互作用的地球系统的复杂性就必须加以了解，发现并开发和改善人类生存条件所必需的环境、气候与资源，必须保护和改善基本的、与美好的人类生活需要所依赖的环境。这里所说的四圈，是指在人类发展的长河中，人类需要有足够的科学知识和文化来了解并预测人类自身行为的有益性及破坏性与后果。

　　地球的四圈及其棚互作用维持了地球上的全部微生物、植物、动物和人类生命的生存与发展，同时，也决定了它们的演化。反过来，其生存、演化与发展也影响着地球四圈的变化。地壳、板块、地核与地幔动力学导致了地球表面缓慢的地质现象和气候变化的物理机理。板块构造模型使科学家能够综合以前那些孤立的地壳作用。这种综合研究有助于解释造山作用、火成作用、地震、沉积盆地与矿床等分布的复杂性。岩石圈随时间的运动，影响着水圈、大气圈和生物圈，且是改变与影响生物圈演化环境的一个重要因素。科学家发现，数百万年来岩石圈一直动来动去，从未停止过。其演变过程有长期的地质现象，亦有短期的突发性地质灾害，如盆地沉降、山脉隆起和大陆漂移等。这些过程每年仅以几厘米的速度进行。但缓慢、持续的运动，却能维持地球的演变方向并可在百万年内重塑地表。然而某些过程，如火山爆发、泥石流、岩崩与地震等却可在极短的时间内改变周围的一切。尤其是大地震的猛烈与迅速，使许多幸存者都感到迷惑与恐慌。

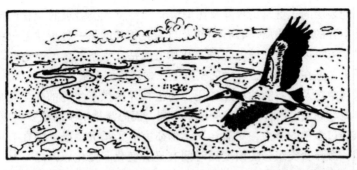

保护生态环境

地壳表层的土壤富集程度及污染情况，涉及人类需求的粮食的产量，是人类生存的基本物质。岩石圈涉及与人类相关的另一种现象是气候的演化。科学家可以通过陆地上、海上和冰上的钻孔了解气候、生态与环境的演变历史，并在了解过去环境的基础上探索及预测未来。

水与空气及岩石圈的相互作用，为生物界提供了生存的化学物质。水系、河流、湖泊、海洋与冰盖构成了水圈，而海洋是水圈的重要组成部分。科学家经过多年的努力，对海洋化学的研究有了重大突破。现在有可靠证据表明，海洋盐类组分的浓度随时间有显著变化。变化原因之一是与过去100万年左右控制地球环境的几大冰期有关；其二与巨大岩石圈板块运动引起的海、陆分布有关；另外可能与小行星或慧星同地球碰撞这类地质灾害的效应有关。探讨海洋化学组分的变化非常重要，它可使人类了解过去地球环境的变化。海洋的物质组成和化学性质主要是通过驱使大气中二氧化碳的含量变化而影响环境的。大气中二氧化碳的分压会影响气温，以及由此导致的降雨量、风及冰盖的空间分布。空气中的二氧化碳大部分来源于海洋，它在海洋中的含量是大气中的60倍。科学家把海洋看成一个巨大的双层水体。它的上层部分与大气和陆地相互作用，水从海面上蒸发，凝结后变成雨又回落于地面。雨水通过陆地渗透于地下，把某些海水组分溶解并带回海洋。另外一些组分来源于陆地和海底的火山活动。水体的上层受太阳光照，其热能被主要是微体浮游植物转化为有机物。这些植物物质又构成动物和细菌的食物链。这些生物残体从水体上层沉入下层，为另一些动物和细菌提供了营养。另外，海洋下层可以提供古气候和古海洋环境变化的研究。

水圈与人类的关系极为密切，可为人类提供食用水和工农业用水。水中的某些化学元素也可为人类食用，特别是鱼类更是人类的美味佳肴。但有时水圈与大气圈的相互作用既能为人类造福，也给人类带来灾难，尤其是水圈的污染将会给人类造成巨大危害。总之，水圈与人类生存息息相关，是人类生存不可缺少的一部分。

大气是地球热机的工作流体。由太阳到达地球的大多数辐射能，在其重新向太空辐射之前被转换成大气热能。风的作用使这一能量重新分配。在此过程中，能量的消耗比洋流、潮汐、大陆漂移和地幔对流等过程的总消耗还要多。气圈系统是地球史的一个重要组成部分。大气中的主要成分是干空气，由氮、氧和氩组成，分别占有空气总分子数的79%、20%和1%。氮和氩均是一种惰性气体，可滞留在大气中。氧则是通过大气和海洋

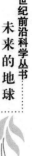

保护生态环境

地球的生物圈系统
按海生生物的活动性进行的分类

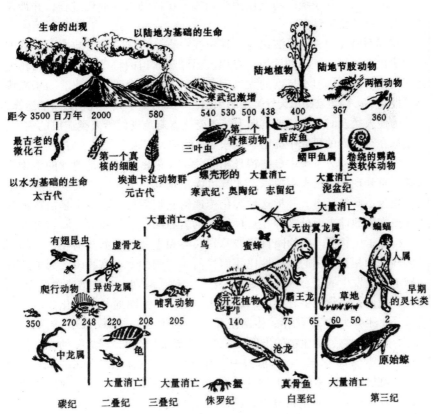

生物系统的演化

来循环。其余的空气含量很少，最丰富的是二氧化碳，其次是氖和氦气等。二氧化碳的浓度通常用百万分之几表示，它约占干空气的百万分之三百四十，氖为百万分之一百八十九，氦为百万分之五。值得一提的是臭氧的浓度大于百万分之二，且随高度变化，是对紫外线有吸收作用的唯一大气气体。因此，它在保护地表免受紫外线辐射方面起着关键作用。

大气成分及日地距离决定了大气能量的收支，而能量收支又决定了大气系统的一切，其系统的功能作用决定着系统的动力学演化过程，并涉及到人类生存的稳定性。

在气圈研究中，气候演化与天气预报一直是科学家的主攻方面。古气候的演化特征显示了诸如沙漠、煤田、沼泽和冰川的特殊环境，并为预测将来奠定了基础。但小尺度的大气现象使科学家一时难以解决。为了准确的预报需要，科学家提出天气类型的识别，从而省去了大量冗长繁杂的运算。

为使人类及时、准确地掌握天气的变化，避免气候给人类造成的灾害，科学家在对气圈的研究中提出了全球变暖问题，向人类发出了警报。

构成地球动力系统中最独特且相互关系又最密切的就是地球的生物圈系统。直到现在，唯有在地球上才有可能重现其自身，依靠突变和遗传重组转化为不同的形态，并把这种转化传递给它们后代。而且正是由在地球表面或靠近地球表面处都存在这种结构的岩石圈、水圈和大气圈综合在一起，构成了生物圈。生物圈直接涉及到人类和生命的起源与演化，生物圈的多样性和相互作用的复杂性比我们目前认识到的要丰富得多。为了适应地球上可能发生的生态环境的变化，生物在地质时期内常常迅速发生变化。由此，我们在生物圈中看到了迅速进化作用。生物圈的早期演化分为八个阶段：①距今大约 38 亿年，生命进化开始即生命的起源。②距今大约 35 亿年，自养生物、微生物的出现；③距今大约 28 亿年，释放氧的光合作用开始；④距今 20 亿年，微细胞链中含有厚壁细胞的蓝绿藻出现；⑤距今 14 亿年，红层激增，多细胞生物的进化，有丝分裂，成熟分裂，遗传重组；⑥距今 6.7 亿年，显生宙开始；⑦距今 5.5 亿年，穴居习性开始及进化，大气中的氧含量达到现在的 10%；⑧距今大约 1.5 亿年，向着现在世界格局的生物圈进化，海洋里的活鱼、陆地上的植物和无脊椎动物的出现。

生物圈、大气圈、水圈彼此间以及地球外壳的相互作用不仅是普遍的，而且也是连续的，非常复杂的，是一种浑沌的分形结构，循环中套着循环。我们猜测，生命科学将在 21 世纪会有重大突破，而地球四圈的研究与探索同样会光辉灿烂！

地球会突然毁灭吗？

一个人从出生起，慢慢成长，从童年、青年、中年到老年，最后死亡，这是自然规律。绝大多数人是如此；个别人由于偶然事故，会突然死亡。

我们生活的地球，也会因其自身或周围天体合乎规律的变化而有生、有长、有死亡的。

那么，地球是否会因其自身的原因或与其他天体碰撞而突然毁灭呢？

为了解答这个疑问，我们首先看看由于地球内部的运动对地球有什么影响。

地表在重力作用下，高处不断降低，低处不断堆积，总趋势是地表逐渐变平；另一方面，由于地球内部含有大量放射性元素而产生热核反应，从而有巨大的放射能，这些能量又能引起地球激烈的构造运动和造山活动，使地表高低起伏。

然而，地球内的放射性元素随着时间的推移逐渐减少，这样地壳温度就会降低，因此，造山运动和火山活动强度也就缓慢减弱，结果地表变平将成为主要趋势。高山逐渐被削平，大陆逐渐被削低，水下大陆架面积不断扩大，越来越多的陆地被海水淹没，最后整个地表被海水覆盖。然而，我们不必担心，因为这个过程十分缓慢，它需要几十亿年甚至更长的时间。而聪明的人类利用自然、改造自然的能力增长很快，在上述情况没有发生之前，人类就会把它控制在适于自己生存的范围之内。

太阳对地球有什么影响呢？众所周知，在所有天体中，太阳对地球的影响最大。

太阳的巨大吸引力使地球绕日公转，太阳辐射是地表万物生长的主要能量来源。太阳辐射的变化引起地球大气环流、地球磁场等的变化，从而影响着地表生活。

89

根据现在我们对太阳的认识，太阳在自己的自然历史过程中已渡过了幼年期，现在正值壮年。太阳的壮年期约为100亿年，至今已过了差不多一半。也就是说，太阳的壮年期还有50亿年左右。

在壮年期内，太阳的质量和辐射的能量变化不大，相当稳定。因此，地球得到的太阳辐射也不会有多大变化，地表的温度也将是稳定的，地球上的生物界和我们人类将不断地向前发展。

对太阳来说，壮年期后将进入老年期。那时，太阳将变成一颗体积很大的红巨星。之后，又会变成白矮星，继而变成黑矮星，最后变成弥漫物质。太阳毁灭了，地球也将不复存在，但这是很久很久以后的事了。

换句话说，地球及人类不会在短时期内由于地球内部的原因或因太阳辐射变化而突然毁灭的。

地球是否会在短期内与其他天体碰撞而突然毁灭呢？

地球与小天体碰撞是可能的，实际上，已碰撞了很多次。

先看彗星。彗星是太阳系中的一种小天体，它由彗头和彗尾组成。由于彗星的轨道与地球轨道相交，它可能与地球相碰。在最近100年内，彗尾曾两次扫过地球，但由于它的质量很小，密度很低，与地球相碰没有什么影响。彗头与地球相撞的机会很小，最近几百年没有发生过一次。即使彗头与地球相撞，也仅仅只产生很多流星"雨"，不会形成灾难。

我们再看看流星。流星原来是太阳系的小天体，当它们闯入地球范围内，与地球大气发生摩擦产生很多热量，因此燃烧发光。流星数量众多，每昼夜就有上千万颗，而绝大多数流星在下落时就燃烧掉了，它们对地表没有什么影响。

没有烧完的流星落到地球上就是殒石。现在地球上发现的最大殒石不

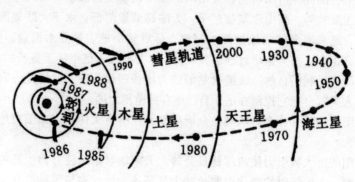

哈雷彗星的运动轨迹

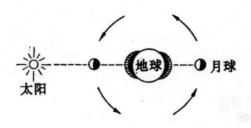

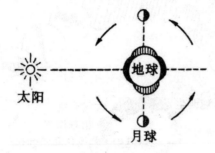

大潮和小潮

到百吨。陨石与地球相撞形成的地表陨石坑也仅有 10 多千米直径，因此对整个地球影响不大，仅对局部地区造成影响。

太阳会与其他恒星碰撞吗？

宇宙中恒星数量巨多，而且不停地在运动着。它们的运动轨道又是多种多样的。因此，从道理上讲，它们是可能碰撞的。然而，恒星之间的距离很大。如果把太阳与其附近的几颗恒星所在的空间比作宏伟的体育馆大厅，那么太阳与这几颗恒星就好像是大厅中的几粒浮着的尘埃。恒星运动的速度大多数在每秒 8～32 千米之间，太阳相对附近恒星的运动速度是每秒 20 千米，这样的运动速度与恒星间的距离相比是十分微小的。另外，它们的运动方向各不相同，因而碰撞的机会极小。科学家们做过计算，在银河系里，恒星碰撞一次至少需要 1 000 万亿年以上的时间，所以，太阳不会与其他恒星碰撞。

太阳系内的天体，如太阳、月球等是否会与地球碰撞呢？

先看月球，它是地球的唯一天然卫星。月球绕地球转动，它相对地球运动的初速度使月球沿其轨道的切线方向做匀速直线运动，而地球对月球的引力把它拉向地球。

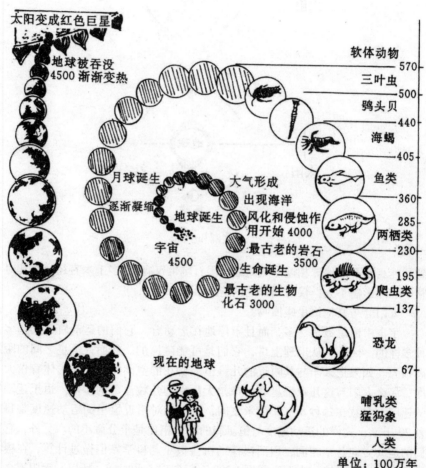

地球的一生

地球表面 2/3 以上的面积为海水覆盖。海水在各种力的作用下不停地运动着，运动形式也多种多样。居住在海边的人们都知道涨潮落潮的潮汐现象，这便是一种海水运动，它是海水受太阳，尤其是受月球的吸引所引起的。潮汐现象可以减慢地球的自转。据考证，潮汐每百年使地球自转减慢约 0.001 5 秒。同时，潮汐也影响月球绕地球运动轨道的变化，使月球绕地球公转加速。这样，月球将渐渐远离地球。现在地球自转周期与月球绕地球公转周期相差近 30 倍。可总有一天，大约需要 50 亿年至 100 亿年时间，地球自转的周期与月球绕地球公转的周期相同了，那时的一天约等于现在的 48 天，月球与地球的距离也将从现在的 38 多万千米增加到 50 多万千米。那时候，由月球引力引起的地球上的潮汐就不存在了。而太阳对地球的潮汐作用还继续存在，地球的自转会继续变慢，其结果，月球绕地球公转的周期比地球自转的周期还短，新的月球对地球的潮汐作用重新发生。这些作用将使月球公转的速度减慢，运动的轨道愈狭小，最后，当月球受到的潮汐力大于月球物质之间的吸引力时，月球即粉碎。这些月球碎片绕地球运转，但不是与地球相碰撞而毁灭地球。

我们再来看太阳。地球绕太阳公转，其轨道也是变化的。然而，不管是因太阳辐射引起的质量变化还是地球与太阳引力可能发生的变化，在几十亿年时间内。对地球公转轨道的变化都影响不大。也就是说，地球既不会落到太阳上，也不会脱离太阳系。

总之，从以上分析可以看到，我们生活的地球不会由于偶然的原因而突然毁灭。我们尽可以在地球这个可爱的家乡里，大展鸿图，把地球建设得更美好。

数字技术给地球物理学带来的革命性变革

第二次世界大战以来，特别是 20 世纪 60 年代以来，数字技术的迅速发展给整个社会带来了全方位的冲击，这种发展也给地球物理学研究带来了革命性的变革。

地球物理学是用物理学的观测手段和理论方法研究与地球及其周围环境有关的物理现象的应用科学。全面地介绍数字技术给地球物理科学带来的新资料、新视野、新机遇、新突破和新挑战，是本书的题材。这里我们只能以地震学为例，对此作一个浮光掠影的介绍。数字技术带来的一系列明显的效益，主要是观测分辨率的明显提高、观测动态范围的进一步扩大、反应速度的加快乃至准实时观测等等，也适用于地球物理学的其他分支学科。

迄今为止，地球物理学研究是对地球内部进行观测研究的主要手段，而在地球物理学研究中，分辨率最高的是地震学方法。现代地震学的创始人之一伽里滓有一句名言："可以把一次地震比作一盏明灯，它点燃的时间很短，却为我们照亮了地球的内部。"

假如我们可以沿用伽里津的比喻，把地震观测系统比作面向地球深处的"望远镜"的话，那么与真正意义上的望远镜相比，我们的"望远镜"有两个相当大的缺点，直至 20 世纪 70 年代，这两个缺点看上去还几乎是不可克服的：第一个缺点是，借用地震这盏明灯，我们还无法看清楚地球的内部，确切地说，我们对地球内部的地震学观测的详细程度，还无法满足地球科学的其他分支学科的要求；第二个缺点是，当地震这盏明灯点燃的时候，我们还无法看清楚这盏明灯本身的结构以及它的"发光"过程，在某些情况下，甚至要做到很快地"看到"它也是不容易的。

20世纪70 年代以来，微电子技术、现代通讯技术和计算技术在地震学

中日益广泛地应用，已经使地震观测系统可以在某种程度上做到很快地"看到"地震，并借用地震这盏明灯"看清楚"地球深部的结构以及地震本身。这个进展给地震观测研究带来的效益是多方面的。

　　从地震观测技术的角度讲，解决分辨本领的问题有两个关键：一个是观测的"采样点"，另一个是信号的频率范围。

　　采样点的问题是一个"经典"问题。这个问题简单地说就是台站密度的问题。早在世纪之交近代地震学刚刚开始起步的时候，人们就充分地意识到了这个问题的重要性。唯一的区别是，在现代地震观测中，增加台站密度所需的投入较之半个世纪以前有了成倍的增加，这使得现代地震观测越来越依赖于国家的财政资助。而从某种意义上说，一个国家的现代地震观测水平实际上已成为一个国家综合国力的一种量度。

　　频率范围的问题是 20 世纪 70 年代以后才逐渐为人们所认识的。地震学的基本观测资料是地震仪记录到的地震图。从 19 世纪 80 年代现代意义上的地震仪开始出现起，到 20 世纪 70 年代的近百年来，地震学家主要是依靠模拟地震图来进行研究。基于这些地震记录建立和发展起来的近代地震学，在了解地球内部的大尺度结构和地震发生的地点、时间及其机制等方面取得了可以说是辉煌的成绩。然而由于地震观测技术的局限，人们用来进行地震学研究的主要资料，一直是在远距离记录到的、来自大地震的、频率较低的运动，或者是在近距离记录到的、来自小地震的、频率较高的运动。这种限制无论是对于了解地球内部结构还是对于了解地震的震源过程，都构成了不容忽视的制约。

　　这方面的重要突破开始于将数字记录引入地震学观测与研究。然而从地震学发展的角度说，将数字记录和数字计算引入地震学研究，与其说是现代地震学的开始，不如说是经典地震学的登峰造极。因为一方面，数字记录和数字计算极大地提高了地震学观测与研究的效率；另一方面，这些新的研究方式的引入又仅仅是将经典地震学的记录从记录纸上搬到磁介质上，将经典地震学的思想从草稿纸上搬到计算机中，把传统地震学研究中量级为年的计算变成可以接受的 CPU 时间。在 20 世纪 60~70 年代的数字地震学研究中仍旧采用传统的长周期记录和短周期记录以及位移、速度、加速度记录的概念。因此从某种意义上说，单纯一个模/数转换并不是从传统到现代的转换。只有当地震学家开始用原来的长周期记录和短周期记录"合成"宽频带记录，只有当地震观测试图达到越来越宽的频带的时候，现代地震分析才真正开始揭示出传统的地震研究未曾发现，或者未曾确认的地震现象。而这方面的研究进展给地球科学带来的最大收益就是它极大地增强了地震学观测的分辨本领。

地震学观测分辨本领的增强来自宽频带地震记录的引入，这一点可以通过一个简单的比喻得到说明。传统的地震记录所涉及的仅仅是一个有限宽度的频率"窗口"内的地震现象，如果我们试图描述地震现象的总体特征，就不得不依据某种理论的或经验的模式对"窗口"以外的成分进行外推。换句话说，对于大自然中的风景来说，仅有黑白照片是不够的，彩色照片的魅力在于它比黑白照片具有更多的信息，这种信息量的增加主要是因为在彩色照片中包括了更多的频率成分（色彩）。而在音乐中，仅有单一的音调几乎是不可想像的。因此，你也许根本不了解地震学的基本概念，但是只要你能欣赏用数字技术合成的音乐（也许从艺术的角度讲你并不喜欢这个新事物，但重要的是在数字影碟中你可以得到比一个乐队所能提供的多得多的信息），你就可以在某种程度上欣赏到宽频带地震学所带来的新成果。从另一个角度说，宽频带地震学的出现，也与天文学中的情况相似。射电望远镜的出现，使天文学家看到了更多的在可见光波段看不到或看不清的天体。这些天体的发现，使人类对宇宙的看法发生了革命性的飞跃。同样，随着宽频带地震学的发展，在地质构造的尺度上研究岩石层结构及其现今构造运动已经成为可能，并成为 20 世纪 80 年代以来国际上固体地球物理学发展的主要趋势之一。以较高的分辨率进行的作为静态结构的岩石层结构和作为动态过程的震源过程的研究，特别是针对重要构造区、成矿区、经济开发区、重点建设区、地震重点监视区的高分辨率的详细研究，在构造动力学研究工作、资源开发工作、减轻地球物理灾害工作中都具有重要的基础意义。

近年来，宽频带数字化地震观测的研究结果使一些地震学家相信，也许利用天然地震进行的地球内部结构的地震学研究，原则上可以达到与人工地震勘探相当的空间分辨率。由于人工地震勘探只能局限于浅层结构，而天然地震探测却可以探测到地表以下相当深的深度，所以从某种意义上说，宽频带地震台阵提供了研究岩石层动力学无法取代的新一代地球物理观测手段。尽管迄今为止宽频带数字地震台阵的空间分辨率一般仍不很高，与人工地震勘探相当的分辨率还仅仅是极少数演示性的特例，然而无论如何，宽频带数字地震台阵的观测结果还是为现今地球动力学研究和构造物理学研究提供了可靠的定量化的约束。而从这个意义上说，宽频带地震学开始在相当的程度上泯灭了地质学家和地震学家之间的界限。也正因为如此，无论是已经建成并投入使用的美国 PASSCAL 宽频带数字地震台阵、德国的 GRF 宽频带数字地震台阵、挪威的 NORSAR 宽频带数字地震台阵，还是计划中的德国 GEOFON 宽频带数字地震台阵和台湾花莲地区的 PASSCAL 型宽频带数字地震台阵等，都引起地球科学家极大的兴趣。如果说当代天文学的研究成果绝大部分来自现代天文观测的话，那么当代地球科学的研究成果的取得则在相当大的程度上是以现代地球物理观测为基础的。

现在我们再来看一看数字技术给地震学带来的另一个重要概念，这就是对破坏性地震的反应速度。

20 世纪 70 年代以来的一系列经验和教训表明，解决破坏性地震的预测问题，还有相当长的一段路程。同时，经济建设的迅速发展使减灾防灾成为整个社会的愈加迫切的需要。与此相应，对自然灾害的快速反应成为地球科学研究的主要目标之一。

对于地震的快速反应的内容，并不限于在事件发生之后对事件的发生做出迅速的报道，这一点尽管也是至关重要的，而且一直是传统地震学所要努力达到的目标之一。经过数十年的努力，我们基本上可以做到在地震发生之后很快地"看到"它。但是在现有的地震观测系统的视野中，我们很快"看到"的地震，还仅仅是一个一瞬而逝的模糊的"光斑"，而看清楚地震的时空"结构"，至少会有助于判断：①还会不会有强烈的余震？②这个地震会不会在某时某地引起海啸？③这究竟是一次天然地震，还是地下核试验，或者矿山开采引起的塌方？④如果是天然地震，那么引起这次地震的原因是什么？⑤哪些地方可能是遭受破坏最严重的地方？等等。而且更重要的是，一次地震之后我们能说出的关于这次地震的信息愈多、愈可靠，公众就愈容易对政府机构保持信任，从而更有助于配合政府机构组织和实施相应的救灾行动。现代地震观测技术的特点之一，就是充分地利用现代通讯技术和计算技术的优势，以尽可能短的时间和尽可能高的精度，给出关于一次地震的尽可能多的信息，而实时地给出的信息量越大，我们对于灾害的反应（无论是出于纯科学目的的迅速的强化观测还是出于实际需要的迅速的救灾行动）就越主动，从而通过灾变事件获得的科学上的收益就越大，由于灾变事件所付出的社会代价也就越小。

20 世纪80 年代以来，随着计算机技术、通讯技术和数字信息处理技术的发展以及定量地震学研究的深入，地震学家的工作方式也发生了很大的变化。与传统的地震观测相比，现代地震观测表现出三个明显的特点：一是人与机器的"一体化"程度越来越高，在传统地震学中，一枝笔、一

张纸、一块量板就足以完成高质量的资料处理，而在现代地震学中，没有计算机通常是不可想像的；二是研究工作和常规工作之间的"过渡区"越来越大，在传统地震学中，地震学基础理论向常规工作的转化仅仅是地震观测技术中一个不太重要的分支，而现在，研究成果转化成常规观测和常规数据处理，甚至需要比研究工作本身更多的知识和更专门的技术；三是人与地震现象之间的"中介"越来越大，在传统地震学中，有经验的地震学家看一看地震图就能说出关于这次地震的许多信息，而现在，甚至从磁介质中提取地震记录并将其变成可见的地震图这一步，有时也不得不需要相当专门的培训。另一方面，由现代地震观测所能得到的关于地震的信息和关于地球内部结构的信息，却是过去的地震学观测所无法比拟的。这种情况与现代军事技术的发展颇为相似：现代军事技术的发展极大地提高了实现军事打击目标的效率，现代战争无论是速度上还是强度上都是冷兵器时代，这是第二次世界大战以前所无法想像的。然而另一方面，在现代战争中，人与武器的一体化程度越来越高，交战双方之间更多地不是短兵相接的拼搏，而是通过装备进行全方位地较量。

在作为一个整体的地震观测系统中，通讯具有关键性的意义，而这是现代地震观测与传统的地震观测的另一个明显的区别。80 年代以来，防震减灾的社会需要使实时地震监测成为现代地震观测的生长点之一，这使得通讯的问题更加突出。通讯所用的经费在地震观测系统的全部经费中占有引人瞩目的比例。但是在现代地震台网的建设中，通讯问题是不得不加以优先考虑的，因为一个地震观测系统对于一次地震的反应速度，实际上取决于通讯的速度。从这个意义上说，没有通讯就等于没有地震观测系统。

一叶知秋。从数字技术给地震学带来的革命性变革中，我们也许可以听到未来世界中地球科学的脚步。数字技术的引入使地球变小了，使人类观察地球内部结构的视力增强了，使人类对地球上的变化的反应更灵敏了。想当年伽利略用望远镜看到了木星的卫星，从而导致了物理学的一场革命；海底钻探看到了很多以往未曾看到的地质现象，从而促成了新的全球大地构造学说的建立。谁能预测数字技术的引入会给地球科学带来什么样的变化呢！

如果说当年哥伦布时代的英雄们以他们的冒险精神和航海技术发现了一个个新的大陆，并进而发现了一个球形的地球，那么 21 世纪的数字技术将使人们发现一个真实的、活动的地球。

——人们将发现一个"真"的地球。21 世纪的地球模型，不再是 20

世纪初的那种均匀分层的、理想的地球模型，而是具有各种不均匀性的真实的地球模型。无论是找油找矿还是减灾防灾，都必须有这样一个能真实地描写地球上的"苦乐不均"现象的地球模型。这个模型只有在地球科学观测具有足够的分辨本领之后才能实现。这个模型所导致的对地球发展的动力学过程的认识的突破，是目前还无法预测的。

——人们将发现一个"实"的地球。人们的观测视野将不再仅仅局限于地球表面。借助于新一代观测系统，人们将有能力勾画出地球内部的详细构造图像。总有一天，地球物理学家和地质学家之间将不再有明确的界限，上天和入地这是人类的两个梦。如果说20世纪是上天的时代，那么21世纪将是入地的时代。入地有两个含义：一个是真的进入地球；另一个是对地球内部做更细致的观测。

——人们将发现一个"活"的地球。21世纪，人们将不需要用物理、化学、岩石、矿物、构造、古生物等方法将地球切成一个个的"切片"，虽然这样做是必不可少的，但是仅仅这样做是远远不够的。你可以把人的器官分解开来，但是至少目前用一整套器官你还装配不出一个有生命的人。目前人们对地球的认识也处于这种状态，新的世纪的地球科学将把这些侧面有机地组装起来，形成一个综合性的对有"生命"的地球的认识。在这个过程中有两个技术是必需的，一个是数字观测，一个是数字计算。

——人们将发现一个"动"的地球。人们将有能力对地球上发生的各种动力过程，包括像火山爆发和地震这样的近乎瞬态的过程进行同步、详细地观测，并根据这种观测的结果研究这些过程的预测问题。

数字技术使地球变小了，使人类变大了，人类不再是附着在地球表面上的微不足道的可怜的小动物。人们与地球的游戏规则也发生了变化，原来是地球带着人类玩，现在人类也有能力玩地球了。这并不是好事，因为这样一来，就出现了三种可能：一种是把地球玩脏了（现在连南极都不干净了）；一种是把地球玩瘪了（现在北京的地下水就开始亮起了黄灯，别的资源也都出现了紧张的情况）；另一种是把地球玩坏了（广岛上就漏了一回。附带说一句，爱因斯坦为此而感到内疚，这是伟人的品格的表现；美国人对此大大咧咧，是一种不成熟的顽皮；而日本人对此的吵吵嚷嚷，则完全是一种无赖的胡言乱语）。然而另一方面，新技术的进展也确实给人们提供了避免这些问题的能力。在新的世纪中，地球科学的目标就是：一个更清洁的地球，一个更富裕的地球，一个更安全的地球。

在地球物理学的发展历史中，有几类人才曾经为人类认识地球的努力作出了非凡的贡献。最早的一类是探险家，他们以近乎疯狂的激情和无畏的冒险精神，获得了关于地球的大量第一手资料，有些人甚至为此献出了自己的生命；另一类人是制造仪器进行观测的能工巧匠，他们用自己的智慧和双手建成了面向地球深处的"望远镜"；还有一类人是数学和物理学的行家里手，他们把自己的天才应用于地球物理问题的处理，从纷繁的资料中理出了清晰的线索。今天关于地球内部的知识，首先是来自观测资料，然而更重要的是来自这些人的不断地去粗取精、去伪存真的分析和研究。正是这种分析和研究构成了科学和一般的探险之间的分水岭：有些人善于高屋建瓴，把不太成熟的经验归纳成一个系统的体系；有些人善于合纵联横，把不同研究兴趣、不同专长，甚至不同国家的人组织在一起开展研究；有些人大刀阔斧，善于从现象中抓住问题，开拓新的研究领域；有些人独具慧眼，善于应用已有的研究成果服务于社会。数字技术的引入使另外两类人才开始在地球物理学研究中扮演愈加重要的角色：一类人善于对由数字观测系统、数字通讯系统和计算机系统组成的地球物理观测研究系统进行现代意义上的管理，另一类人则善于在计算机上把科学思想变成可以操作的程序。目前，这两类人才主要是年轻人。